你今天AR了沒？

AR擴增實境創新思維

AR傳教士白璧珍教你：**全球知名企業都在使用的溝通術**

基礎觀念╳應用解析╳設計方法

一本全方位解析XR產業應用的實戰書

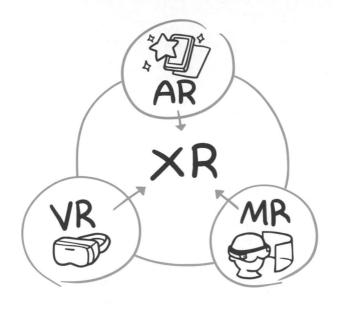

AR傳教士
白璧珍——著

AR 到底是什麼

Augmented Reality 擴增實境技術（簡稱 AR），由首次的概念提出到現在已經歷經了數十載，直到 2010 年代，才開始逐步由實驗場域進入市場，讓一般大眾有機會見識到虛實之間真實結合的魅力！

AR 到底是什麼？

AR 擴增實境不僅是一項技術，也是一種創意工具；

AR 串起了實體與虛擬間的橋梁，讓各項資訊與動態可以透過視覺直接連接；

AR 引領現今的數位轉型與體驗經濟，有效達成外部行銷溝通與內部模擬訓練的效果；

AR 可串連電腦、手機、智慧眼鏡等載具，透過跨平臺運作支援各項繁雜需求；

AR 可以在場域中進行虛擬導覽導購，也可以在家成為防疫工具；

AR 創造出來的成效不僅讓人想主動參與，並將體驗成果深刻印記在腦海中，達到記憶力提升的效果，進而達到促動傳播、引發消費等主動式行為！

AR 是一種快樂科技，在探索中創造全新感受，達到心流體驗與自我成長的境界！

AR 有極大可塑性，可幫助各產業達到創新模式，並且與生活緊密結合！

AR 魅力無可擋，不僅 Apple、Google、Facebook、微軟等大廠皆已投入資源引領研發，全球大型產業更已紛紛導入 AR 領域應用，在這股科技創新趨勢下，本書將帶領您深入了解 AR 的趨勢發展、產業應用、設計模式、精彩案例與未來展望，帶領您深入 AR 領域，透過創新思維，幫助您了解這塊不退流行的 AR 美麗新世界！

想像與真實世界之間的界線消失了

經濟部工業局局長／**呂正華**

「如果想像與真實世界之間的界線消失了，該會如何？」這是 Apple 對 AR 的宣傳標語，我覺得描述得非常貼切，充分表達出 AR 將帶給這世界的轉變。

AR ／ VR 於 2015 年開始積極發展，其中包含 Apple、Google、Facebook、Microsoft、Sony 等科技大廠皆全力投入，國際研調機構 IDC（國際數據資訊有限公司）更預估，2020 年全球 AR ／ VR 市場支出規模，將達到 188 億美元，約相當臺幣 5,684 億元，年度成長達 78.5%，極具市場性。

我國是全球資通訊製造零組件、產品及代工的重要生產出口國，也擁有許多國際資通訊品牌，經濟部自 2015 年開始體感科技的推動，以我國數位內容發展為基礎，結合資通訊硬體優勢，發展各類五感互動應用，而在如何能夠建構一個好的體感生態體系，創造我國新經濟模式，一直是我們與國內業者持續在進行溝通與討論的重要議題。

在拜讀白璧珍執行長的大作後，我對國內能有這樣一本針對 AR 詳盡介紹的書籍，感到非常歡欣。其中 2 個章節，詳盡討論國

內現正面臨的數位轉型，及對國內開發廠商重要的 AR 體驗設計的
方法，最後更描繪未來 AR 的樣貌。白執行長在 AR 的應用上，有
著一流實戰經驗及重大貢獻，藉由本書提出她精闢的見解，非常值
得推薦給大家。

XR 引領臺灣成為數位轉型升級的典範

前國家發展委員會主任委員／**陳美伶**

隨著 5G 時代的來臨，人工智慧、物聯網及區塊鏈等科技加速發展，亦相繼引領科技跨域匯流，改變現有的產業生態與市場結構，此刻正是臺灣產業升級邁向數位轉型的最佳契機。有鑑於此，國家發展委員會自 2018 年起即啟動相關計畫，以「XR EXPRESS Taiwan」產業品牌，推動包括擴增實境（AR）、虛擬實境（VR）及混合實境（MR）在內的延展實境（XR）產業，向跨科技、產業、市場邁進，帶領臺灣 XR 產業走向國際，提升臺灣 XR 產業形象在世界的能見度。

宇萌數位科技為臺灣 AR 擴增實境產業的先驅之一，在「AR 傳教士」白璧珍執行長的帶領下，積極推廣 AR 技術應用，並舉辦產業趨勢論壇，促使 AR 對於社會大眾乃至於產業市場而言，不再僅止是寶可夢遊戲所帶出的科技名詞，更逐步應用到日常生活之中，如行銷廣告、品牌宣傳及遊戲娛樂等。同時，近年來更伴隨著周邊硬體的技術成熟，AR 跨領域應用亦紛紛浮現，包括教育領域、醫療復健、智慧工廠、智慧城市等範疇。

本書不僅介紹 AR 擴增實境技術於跨領域應用的經典案例，更

從基礎觀念重新解構 AR 技術使用的媒介與表現方式，進一步引導讀者透過企劃設計方法，使 AR 技術有效結合各產業行銷，以嶄新的視覺效果，達成溝通效益。

此外，AR 技術應用跨空間與時間的特性，更有助於因防疫而新興之無接觸商機的發展，例如虛擬會展、智慧運動賽事等，均可以提升業者與消費者的互動，創造良好的使用體驗，並加速升級數位國力的展現。

本書作為 AR 行銷應用專書，期待在 5G 科技跨域匯流時代下，能引領更多市場人才及資金投入 XR 產業，使臺灣產業成為數位轉型升級的典範，躍登世界經濟舞臺。

奠定未來臺灣 AR 產業發展的寶鑑

立法院數位國力促進會祕書長、前立法委員／**余宛如**

2016 年推出虛擬寶物出現在實體空間的「Pokémon Go」遊戲後，全球為之風靡，抓寶的人群不只在實體的人行道、公園或路旁出沒，更在虛擬的空間結成社群，互報好康。而來往行人被奇怪的抓寶行為吸引，紛紛好奇 Pokémon Go 是什麼，讓這款 AR 遊戲更加知名，社群也更加壯大。

2018 年 11 月，臺南市政府觀光局舉辦了為期五天的 Pokémon GO Safari Zone in Tainan，運用這款 AR 遊戲兌換人潮與現金。在短短五天內，Pokémon GO 這款遊戲為臺南帶進了 30 萬國內外玩家，估計創造的周邊商機高達新臺幣 5 億元，更一舉讓臺南市因遊戲觀光行銷成功，被世界看到。而臺南市政府所花的費用不過新臺幣 350 萬元，足以讓更多人看到 AR 的遊戲軟體可以這麼威。

不只是城市行銷，舉凡各種行銷所需，都有跟 AR 能結合的地方。像是每次購買 3C 用品時，說明書厚厚一疊，印滿各種語言，不但增加商品的運送重量，也浪費紙張。如果能善加運用 AR，最後化作一個 QR Code，讓消費者用手機一掃，精細的使用說明，

就能透過螢幕與實體產品完美結合呈現。

　　根據 Verizon Media 近期一份關於 5G 的調查報告，民眾最期待 5G 為生活帶來的應用改變中，AR 應用排名第六，現在手機普遍，民眾期待新技術帶來的沉浸式體驗，更讓 AR 變成與消費者溝通便利的新技術。而 AR 的應用不只在行銷與廣告，舉凡醫療、訓練、教育或是娛樂上，都有不少的實例。

　　因此我在擔任第九屆不分區立法委員時，特別關注 AR ／ VR ／ MR 等相關技術與產業的發展，臺灣無論在政策推動或是產業應用上，都還有極佳的發展潛力。而隨著臺灣 5G 頻譜位置結標、5G 上路，AR 或 XR 的應用才正要開始大爆發。

　　2010 年創辦宇萌數位科技的白璧珍是我的舊友，她不僅是女性創業典範，更是熱忱的「AR 傳教士」，一路上隨著 AR 的世界趨勢不斷成長，為 AR 產業開疆闢土，創造新的應用案例與典範。本書不但精彩，也包含產業的趨勢、應用模式以及未來的發展等，是她多年的心血、產業的 insight，更是奠定未來臺灣 AR 產業發展的寶鑑。希望她的無私分享，能為更多產業開啟新的商機，幫臺灣產業的數位轉型加速前行。

每個組織都需要 AR 擴增實境策略

商業發展研究院董事長／**許添財**

　　當今科技進步超乎想像，對生活直接影響更無比奇幻。設想若太空探險的影像與數據願意釋出，我們就可期待自己在家裡親自體驗一趟太空之旅，甚至遠至 2.4 億公里外，太空船需飛行七個月才能到的火星，也可夢寐以求。

　　離開地球，反觀我們自己居住的這顆宇宙最美行星：登陸火星觀賞充滿 95% 二氧化碳的稀薄大氣層、遍布氧化鐵沙丘與礫石的土壤、間歇流動的液態鹽水、峽谷、沙漠、高山、冰蓋等奇景。不一定要奔向外太空，光是地球過去、現在與未來的時光組曲，就讓我們遊歷不完、想像不盡，但皆近在咫尺，盡在眼底，且身歷其境。

　　類似的體驗方式與功能，並不限於旅遊或遊戲，更可用於教育、娛樂、購物、工作、醫療、模擬訓練、設備維修、藝術創作設計等生產、服務方式與消費行為的應用上。促進科技研發進步，提高生產效率，改變交易方式甚至商業模式，創造消費與市場價值。都因為有了擴增實境（AR）、虛擬實境（VR）、混合實境（MR）、替代實境（SR）、延展實境（XR），甚至 VR、AR、5G 與 AI 結合的「VIVE Reality」（Vive）等讓現實世界的物件，能夠與數位世界

的物件共同存在，且即時產生互動的科技、設備、系統、載具等傳輸、運算、連結能力的共同運作，難怪蘋果執行長庫克會說：「**擴增實境是未來最大的核心科技。**」

除了蘋果公司之外，微軟、亞馬遜、Google、臉書、Magic Leap 也在開發不同形式的智慧眼鏡或頭戴式耳機。市場分析甚至預言，AR、MR 技術的穿戴裝置逐漸取代智慧型手機，這將極可能是兩、三年內的事。如同庫克所說，AR 有望成為下一個平臺，還斷言有一天健康照護會是蘋果對人類最大的貢獻，屆時你量測的即時心電圖，就在你的手腕上（使用 Apple Watch）。

AR 聽起來如斯重要，卻又令一般人感覺莫測高深。事實上，臺灣知名的「AR 傳教士」白璧珍執行長告訴大家「**臺灣 AR 技術跑得比寶可夢快**」。她在本書就說：「AR 就現今科技上來說已經不是技術議題而已，而是一種深入感知與情境的生活科技，相信不久的將來，大家日常生活的問候語將會是『你今天 AR 了沒？』」

相對的，在商業上，她更進一步闡釋了哈佛管理學大師麥克波特所說的「每個組織都需要 AR 擴增實境策略」，強調 AR 是「**一流企業都在使用的溝通術**」。

或許讀者已注意到我轉換跑道回歸學術，於國家智庫「財團法人商業發展研究院」擔任董事長一職後，三年來在國內外各演講或論壇中，一直強調數位經濟與傳統經濟的不同，不只是網路科技帶來歷史空前的「產業革命」、「商業模式革命」與「再生能源革命」三合一的新生產力革命，更改寫了二百多年來以「勞動價值」為核心的正統或異端的思想與理論邏輯，將萬流歸宗於「數位價值論」

（容我如此妄言，無妨參考）。

　　消費者的動機與行為，已明顯不是「偏好」（preference）可決定或解釋，而是人與物之間「體驗」及人與社群之間「互動」的作用結果。市場經由大數據、雲端運算與 AI 預測結果所即時回饋的資訊，更不斷提供據以「精準行銷」甚至改變「商業模式」操作的經營策略。這一新價值體系的抽象論述，不如閱讀本書的 AR 介紹來得具體易懂。

　　兩年前，我帶團參訪日本新零售科技創新與發展，白執行長的專注與專業令我印象深刻，她也一直保持與商研院的互動。如今喜見她集十年實作經驗與創業有成的要作問世，乃不辭淺拙，大膽但真誠地為之作序，以為推薦。

「實」＋「虛」＝無限應用

台北市文化基金會副執行長、前電通安吉斯集團臺灣執行長／楊淑鈴

　　我和作者白璧珍（Jennifer）的認識是透過她先生，我在政大企家班同學 Gary 的介紹。和 Jennifer 一見如故，我們同是水瓶座，而且同一天生日。聊起行銷廣告如何創新、如何運用 AR 提升互動體驗時，話匣子一開，兩人興高采烈欲罷不能，我強烈感受到 Jennifer 對 AR 的專注和熱情。後來得知她大學是中文系，到英國取得行銷碩士，終於明白為什麼她那麼會說故事，且在廣告行銷上想得出那麼多漂亮運用 AR 解決方案的背景。

　　「AR 擴增實境」是一種美妙充滿想像力的科技，讓「當下」跨越時空、地域和世代。立體、逼真、互動、有趣，資訊的吸收變得更輕鬆容易，溝通的效益加乘，也讓生活更生動精彩。它的應用很廣，媒體廣告、遊戲娛樂、零售百貨、觀光導覽、文化藝術、時尚美學、知識教育、醫療復健、工業製造、智慧城市……，「實」＋「虛」＝無限應用。未來 5G 普及後，AR 會如臨現場，大幅增加互動性，使人心動而產生行動。

　　還記得 2010 年「安吉斯集團」旗下的數位公司 Isobar，為 7-11 設計的戶外擴增實境活動在西門町舉行，一群人在電子看板前遮臉

擺姿勢，電子看板上的人頭就可更換頭飾造型，並上傳至粉絲專頁，創造了很多話題，也加深了品牌印象。這十年來廣告應用 AR 進步神速，益發創新有趣。

　　筆者於 2016 年加入藝文領域，發現 AR 的應用更是百花齊放。舉「台北當代藝術館」為例，設計了結合 AR 的館所導覽 APP，文化觀光景點透過 AR 讓人彷若走入時光隧道，對過往的生活文化，有更深刻的體驗，不僅在探索的過程中認識古蹟，更增添了文化史詩般的生命力。當代藝術館還舉辦了多場 AR 展覽，藉由數位影像的運用，作品重新解構更具想像空間，而神來一筆的互動，更與參觀者共同創造了獨一無二的的感知交流。

　　2020 年初新冠肺炎爆發，引發民眾瘋搶口罩，於是政府推出口罩實名制。宇萌於二月初即時推出「marq+」APP，結合 AR 呈現藥局真實環境影像，從地點標示牌飛到面前的可愛 3D 動畫，導引民眾準確抵達目的地藥局，是防疫期間最引人注目的 AR 應用。

　　AR 是一種深入情境觸發認同的生活科技，各行各業都可以透過虛實融合，優化內部營運流程和提升外部服務體驗，所以 AR 一定是未來每個組織、每個人必備的能力。特別推薦 Jennifer 這本集十年功力的力作，將 AR 知識系統整理，從定義到產業進展，包含各行各業有趣實例，以及踏入 AR 界需要注意的眉眉角角，還有步驟清楚的 AR 體驗設計方法可依循自我學習。

　　Jennifer 信奉 AR 不渝，像傳教士一樣，逢人必問「你今天 AR 了沒？」並且熱情布道解惑，本書堪稱是 AR 領域的聖經，人人必備的工具。

AR 創造差異化的競爭優勢

義大開發副董事長、義享天地總經理／**林俊昇**

近年來，零售及娛樂產業隨著全球大數據及物聯網技術推動，各國均積極強化跨產業合作及產銷物流等智慧商業科技應用與導入，並發展個人化及線上線下資訊整合營運管理服務，運用新型態智慧商業應用模式來擴大服務範疇，建構一個消費者有感的消費服務，促使商業服務朝向智慧化及創新化發展，進而提升企業營收，創造差異化的競爭優勢。

義大開發自 2016 年起與宇萌數位合作，在義大世界購物廣場結合 E 卡會員服務整合 AR 體驗，再到 2019 年於義大遊樂世界全面導入 AR 導覽服務，及近期最新亮相的「5D+AR 鬼船」遊樂設施，AR 科技再讓世界看見了虛實互動帶來新奇、愉悅的娛樂感受！

娛樂消費場域結合互動科技，不僅可以創造不同於以往的體驗經濟，還能達到身歷其境、刺激消費者五感、超越消費者預期、連結店內服務及活動，進而滿足消費者需求之目的。

體感與實境科技促動人類消費行為的改變，讓「到店裡不再只是為了買東西，而是要被娛樂」，此趨勢成為零售業者需要深思經營型態的轉變，進而轉型為創新化、個人化、線上線下整合、智慧

化，打造新型態零售智慧科技服務，增加顧客黏著度、提高顧客滿意度，強化消費者有感服務，提升個人化差異服務。

　　宇萌數位創辦人白璧珍執行長是一位在 AR 商業應用的先驅者，對許多創新服務與實務應用都有獨特見解，過去藉由她的專業引述與內容分享，讓 AR 技術與相關應用能夠務實的在產業中展開。她在本書中提供諸多 AR 的商業應用實戰範例，把各種產業與 AR 商業模式剖析解說，從產業轉型、數位人才培育及科技行銷，精彩豐富的創新性與知識性的內容，集結國內外經典案例，堪稱 AR 商業應用的實戰寶典，非常值得大家閱讀與收藏！

引領 AR 躍逞科技新境界

光世代建設董事長／**陳光雄**

白璧珍，再引領 AR 躍逞科技新境界。

如果說科技是駕著夢想而來，那麼在 2020 年已有許多夢想成真了！

我從 AR、VR、MR 領域裡，領悟建築及城市數位化的重要性，並充分了解它可以讓專業的建築設計者從設計階段、施工階段乃至營運管理階段，運用其科技整合虛實空間，提供視覺直觀感受空間，進而協助構想中的空間環境一步步落實。體會新科技都需要專家的關鍵知識來協助應用工具，智慧建築與城市的建構就是顯例。

所以我最能感受宇萌數位科技白璧珍執行長的貢獻，宇萌在她的領導執行下，讓擴增實境的運用擴及到各行各業，協助各行業在外部溝通和內部訓練上，不只是提升成效，也節省了成本，加倍雙料的效果，讓專業者完全臣服於科技的魅力！

而有「AR 傳教士」之名的白璧珍執行長推出新書，我以期待之心和大家分享，書中有更多可協助專業者運用的方法，讓 AR 擴增實境創新思維，也讓大家能騎上這匹科技新馬，再創各自專業領域裡的新境界！

AR 讓傳統產業產生無窮可能

二代大學創校校長、天來集團創辦人／**陳來助**

　　宇萌數位執行長白璧珍邀請我幫她的新書寫序時，我是有些猶豫，深怕來不及把書看完，無法完成使命。

　　寫這篇序言的時候，正是新冠肺炎全球大爆發期間，這是 20 世紀以來，人類第一次遇到由冠狀病毒造成全世界大流行的特別時期。因為新冠肺炎的影響，全世界有將近一半的人口被禁足，超過 15.7 億兒童及青少年停課，約占全世界學生總數的 91%。此外，70 多家航空公司國際航線停止飛行，許多人待在家裡利用遠距的方法上班上學。

　　這是全球化大崩壞的時代，在這個時間，我閱讀白執行長的新書，竟然欲罷不能，書中很多未來應用情境，或許在「後新冠肺炎時代」很快的就會被實現。

　　由於新冠肺炎的影響，許多人居家遠距上班，許多公司透過語音和視訊的方式，遠端指導工作流程和設備的維護及安裝，全球有一半以上的學生，在家透過遠距教育，這些受疫情影響的工作及生活，已經一一體現書中所提到的新數位模式。

　　我們常說未來已來，透過這次的全球 Lockdown，我們看到

AR 落地的無窮可能。這幾年臺灣中小企業開始進入數位轉型，我相信這樣的 AR 數位技術，會讓臺灣的傳統產業升級產生無窮可能，本書在這個時間出版，絕對有時代的意義。

各界的推薦

AR 是深入感知與情境的生活科技，AR 結合 5G 及各項數位科技的創新應用，將對產業轉型及生活變化產生廣泛的影響。AR 傳教士白璧珍結合她過去十年對 AR 的研究及實務上的應用撰寫本書，對於關心及重視 AR 未來發展及應用的人士，是一本非常實用的入門書。

———— AAMA 台北搖籃計劃校長／**顏漏有**

AR 的發展不只是科技議題，它將深入人類的感知與情境生活，改變產業生態。本書作者以 AR 傳教士自許，將其埋首逾十年的 AR 產業經驗，提出完整解析，並作深入淺出的實戰教導，希望能引領更多不同領域的人了解 AR，進而有機會透過虛實融合，在虛擬世界中開創出一塊新的綠洲。

不論是初學者想認識 AR，或是業者想要獲得 AR 應用的實戰案例，這是一本非常值得推薦的書！

————前行政院政務委員、台灣女董事協會理事長、
臺灣金融科技協會理事長、臺北市政府智慧城市委員會委員／**蔡玉玲**

作者以其個人投入 AR 擴增實境十年的經驗撰寫本書，書中對 AR 擴增實境的發展，舉了許多的實際應用案例，如家居零售 IKEA、萊雅 L'Oreal 集團及服飾零售 Zara 等，如何運用 AR 擴增實境來做先試再買的體驗，還有各種不同的教育及災難模擬訓練、遠端醫療、創意內容行銷、流程改善等。

消費者端的應用場景也在增加中，AR 是一種視覺化的表現方式，是一種新的介面呈現手法，過去我們閱讀紙張、電腦、手機和平板，未來資訊的呈現，會在現實生活中對應的地方直接出現，我們不必低頭用手機上網查產品的資訊，就能看到產品所有的規格與評價，我們也不必低頭看車上的導航螢幕，就能在現實中看見導航的方向。

作者以圖文並茂的方式來呈現本書，簡而易讀，實在是一本值得推薦閱讀的好書！

————緯創軟體股份有限公司董事／**李紹唐**

數位時代已改變我們每個人在生活、工作、學習、娛樂各方面的樣貌，不但帶來更方便好用、更價格親民的體驗，同時也衝擊著那些曾輝煌一時的商業模式及企業。

AR 與 VR 已顛覆了我們在視覺的認知，眼見為憑的時代已經過去了，不但 VR 能以假亂真，AR 更是虛虛實實的突破傳統行銷做不到的感官享受與輕鬆理解的效果。透過寶可夢帶來的 AR 熱潮，大家對 AR ／ VR 也朗朗上口，而國內一直缺乏一本寫給一般人輕

鬆了解的書，宇萌數位白執行長的這本書，深入淺出且完整呈現了各行各業如何應用 AR 的創新點子與範例，是數位時代想掌握 AR 趨勢的你，必讀的一本好書！

————資育公司董事長、前資策會副執行長／**龔仁文**

2016 年，「Pokémon Go」手遊讓大家一瞬間統統認識 AR，當時還在媒體擔任記者的我，不斷聽到宇萌數位的名字。但一直到轉為自由撰稿人，我才有機會專訪宇萌，也才真正認識這個團隊。

如果你喜歡新科技，也為智慧型手機問世前後的變化深深著迷，那麼你一定要讀這本書，看看這間走在前端的 AR 公司，正如何為下一世代科技互動方式提早鋪路。

如果你正在尋找創業題目，也好奇為何有團隊能在題目成為「潮詞」（buzzword）之前，就「一路走來、始終 AR」，那麼你一定要讀這本書，看看成立於 2010 年的宇萌數位，如何在「Pokémon Go」大紅之前，就鎖定 AR 科技應用。

如果你是媒體人、行銷人、公關人，或只是剛好對內容、傳播有興趣，你更要讀這本書，看看文科背景出身的白璧珍執行長，如何把 AR 轉為與世界一切對話的介面，並在持續嘗試 AR 新應用場景的同時，不忘回頭去爬梳理論、趨勢、技術演變所透露的意義。

————科技領域自由撰稿人、INSIDE 特約編譯／**翁佩嫆**

這個世界需要擴增實境

AR 傳教士／**白璧珍**

　　這個世界需要擴增實境。

　　2020 是很特別的一年，不僅是筆者在國內推廣 AR 邁入十年的日子，也在年初發生了全球化的疫情，開始帶領人類走向一個破壞式創新的紀元。

　　在這個科技蓬勃發展的年代，我們一方面看到部分科技的濫用，但也看到了更多科技幫助人類的生活。例如在臺灣排隊買口罩的日子，我們利用 AR 擴增實境技術結合 LBS 技術開發了「口罩地圖」，在一個晚上就完成串接政府口罩資訊 API，只要透過手機開啟視訊鏡頭，就能找到最近的口罩販售藥局，並且顯示即時庫存量，幫助許多民眾解決燃眉之急。

　　在世界各國紛紛因疫情嚴峻而沒辦法出國的時候，我們立即開發了 AR 遠距協作系統，幫助製造與醫療的廠商，能夠在師傅不出門的狀況下，一樣達到國際化服務。還有更多更多 AR 虛實服務模式陸續因應而生，AR 在世界局勢與科技浪潮的趨勢下，讓世人看到它無窮的可能性！

擴增實境的有趣與奧妙之處，的確就是在於它有無限的潛力。從軟體出發，它可以像是一瓶水，注入在不同產業中，就可以產生不同的樣貌；從硬體來看，它更可以結合各種硬體載具，進行跨平臺運作，目前看好的 MR 眼鏡，也是以 AR 為基礎進行運作設計，搭配各產業數位轉型的大趨勢，AR 在各領域有無窮的運用商機！

講到 AR 的流行，當然不得不提到「Pokémon Go」的盛行，這款遊戲帶動了世人對 AR 的了解與著迷。更值得一提的還是 AR 在各產業領域的廣泛運用，已經由我們最早投入的教育領域，擴散到了行銷廣告、品牌宣傳、遊戲娛樂、百貨商場、電商購物、遊樂園、博物館、觀光導覽、印刷出版、電視購物、IP 文創商品，甚至廣泛運用在醫療復健、工業製造、消防安全、智慧城市、倉儲運輸等深度的訓練、檢查、維修、檢貨、公安層面，變成企業全面導入數位轉型最重要的一環！

上述未提及的其他產業也請不要擔心，絕對不是 AR 做不到，而是 AR 待開發的領域，因為 AR 除了技術外，也是各種創意的表現，AR 結合創意，讓 AR 在世人面前展現了更多元的樣貌！

再來是目前全球電信商開始導入 5G，不管是 5G 甚或未來可見的 6G 時代，無疑都將是助長 AR 技術與產業領域蓬勃發展的重要關鍵，兩者扮演了魚和水的角色，彼此息息相關。隨著通訊技術的發展，更助長了 AR 等實境科技領域的發展！

在推廣 AR 的過程中，我們常被問到 AR 到底是「Nice to have」還是「Must to have」？我想用心流體驗的一段描述來解釋：「心流體驗是一種將精神完全投注於某種活動的感覺，透過心流體

驗，將會產生愉悅、滿足、充實等正面情緒。心流體驗需具備的要素，包含提供探索與創造全新感受，讓當事人走入新現實中，讓意識進入到過去無法想像的境界。」

因此，透過 AR 可以讓民眾既不脫離現實，又能創造出全新體驗，形成一種結合視覺、故事、探索、遊戲型態的 AR 心流體驗。更重要的是，若體驗內容本身是一個較為複雜或枯燥的內容或訓練，透過體驗設計，即可創造出一種有趣的心流體驗，進而達到訓練成效與提升生活品質。所以 AR 無庸置疑已經是一種「Must to have」的體驗設計模式！

另一個常被問到的問題是「什麼是好的 AR」？每當有客戶問到這個問題，都會讓我們感到相當欣慰，因為客戶越在意體驗設計與體驗效果，往往能得到更好的成果。

事實上，一個好的 AR 體驗需兼顧許多環節，包含場域環境、使用對象、體驗情境設計、內容素材的準備、硬體的選擇等，這些相關的條件與注意事項，在本書第四章有完整的解析。基本上，我們希望客戶對待 AR 可以搭配在解決方案中形成長期性的使用，因為所有創新與創意，都需要針對使用者行為進行養成，並且透過不斷的驗證與修正達到成效，進而成為體驗環節中的主力要角。

國外研究指出，使用過 AR 後的大腦會有不同的變化，顯示 AR 式互動體驗科技對使用者的意義，不僅只是傳達資訊或一種短暫經驗，而是透過體驗讓大腦對這件事情和本身產生高關聯度，甚至讓大腦認為自身和產品有親近的效果，進而影響後續的行為，因此目前 AR 被證實能真正提升溝通效益！

AR 不僅是現今體感科技的潮流，就使用者的心理層面更是一種快樂科技，透過體驗可以感到愉悅進而加深產品印象，並達到傳播力、行銷力與購買力。更進一步來說，AR 就現今科技來說已經不是技術議題層面，而是一種深入感知與情境的生活科技。

接下來，大家都有機會透過虛實融合或是在全新的虛擬世界中開創出一塊新的綠洲。本書第一次將 AR 完整解析，希望協助各行各業在視覺溝通上達到精彩效果。

這個世界需要 AR 幫助我們的生活精彩有趣，讓腦海中的夢想化為真實，相信不久的將來，大家日常生活的問候語將會是：「你今天 AR 了沒？」

AR 導讀

【使用説明】

本書使用 AR 擴增實境輔助導讀，在每章節的開頭都有標誌的圖案，可以用「marq+」APP 掃描，你會看到有趣的 AR 導讀內容，幫助你了解書中的訊息！

【體驗步驟 Step1】

掃描下方 QR Code，下載「marq+」APP。

【體驗步驟 Step2】

打開「marq+」APP，掃描每個章節第一頁旁邊標有的圖片，即可觀看 AR 導讀。

目次

PART 6　從現在到未來──解析明日 AR 樣貌

PART 1

認識 AR 擴增實境

»打開「marq+」APP，掃描上面的圖片，
觀看有趣的 AR 導讀內容。

1.1
什麼是 XR 科技（AR／VR／MR）？

　　隨著時代與科技軟、硬體的進步，我們常常聽到的擴增實境（AR）、虛擬實境（VR）、混合實境（MR）科技已經日漸成熟，蘋果執行長庫克曾這樣說到：「AR 擴增實境將會像智慧型手機一樣重要。」可以想見，這些科技在未來會融入我們的生活，就像現在你我手上的智慧型手機一樣。

　　然而，延展實境（XR）、擴增實境（AR）、虛擬實境（VR）、混合實境（MR）到底是什麼？它們又有什麼不一樣？

　　擴增實境英文全名為 Augmented Reality，一般簡稱 AR。其技術原理是透過鏡頭拍攝現實畫面，並結合某種辨識定位技術，讓螢幕中的現實場景擴增出電腦虛擬產生的物件，你會同時看到真實世界與虛擬同時並存的內容。

　　我們以 2016 年推出的「Pokémon GO」為例子，當你準備抓寶時，手機中出現的「寶可夢」是電腦產生的虛擬物件，而「現實的馬路」和「虛擬的寶可夢」透過「手機鏡頭」同時出現在一個畫面中，這就是擴增實境（AR）。

» AR 擴增實境就是將虛擬物件疊合在真實場景中。

虛擬實境英文全名為 Virtual Reality，一般簡稱 VR。體驗
時會搭配頭戴顯示器（HMD，Head-mounted display）完全
罩住眼睛可視範圍，使用者看不到真實環境，完全沉浸在頭戴
顯示器畫面呈現的虛擬世界中。大多數的 VR 頭盔還會以操作
控制器（Controller）作為輔助，來與虛擬世界中的內容進行
互動，例如：控制器在遊戲中會轉換成槍枝，進行一場刺激的
槍戰，或是變為手術刀，用於醫療用途做虛擬手術練習。

我們也可以從下頁圖飛行員 VR 訓練系統的例子來看，飛
行員戴上頭戴顯示器後，完全看不到真實周圍的環境，只看得
到電腦中所產生的虛擬世界，並且使用搖桿來模擬操控練習飛
行，這就是虛擬實境（VR）。

» 飛行員的視覺完全沉浸在 VR 頭盔中，藉由控制器來操控飛機模擬飛行訓練。

混合實境英文全名為 Mixed Reality，一般簡稱 MR。MR 和 VR 相同之處，在於 MR 也會透過頭戴顯示器或是 MR 眼鏡來體驗，MR 通常也都配有控制器；和 VR 的差別，在於使用者從 MR 眼鏡中看到的虛擬物件，會出現在真實環境中。

聽起來和 AR 很相近對吧？不過 MR 更強調 AR 中的「真實環境」元素，和 VR 中的「沉浸感」和「虛擬互動」元素所結合呈現出真實、虛擬世界混合分不清的感受。另外，由於 MR 和 AR 同樣都是呈現虛實疊合的畫面，因此也有人稱 MR 眼鏡為 AR 眼鏡。

如果還是不太清楚 AR 擴增實境、VR 虛擬實境、MR 混合

混合實境

真實環境 → 擴增實境　　擴增虛擬 ← 虛擬環境

真實　　　　擴增實境　　　　虛擬實境

» 1994 年 Paul Milgram 和 Fumio Kishino 提出 Milgram's Reality-Virtuality Continuum 來定義虛擬實境及擴增實境。

實境的差別，更簡單的區分方法就是 AR 和 MR 看得到真實環境，VR 則無法看到真實世界環境。相較之下，MR 又比 AR 更強調頭戴式裝置的沉浸感，以及與虛擬物件的互動性。

我們也可以透過 1994 年 Paul Milgram 和 Fumio Kishino 提出的現實「虛擬連續系統（Milgram's Reality-Virtuality Continuum）」，更進一步理解它們的關係，或是從下頁的分辨流程圖，輕鬆的以現代觀點做快速分辨。

了解了 AR ／ VR ／ MR 後，你會問 XR 又是什麼呢？

XR 中文翻譯大多稱為**延展實境**，英文全名為 Extended Reality，也有人稱呼 X-Reality 或 Cross Reality，XR 的涵蓋範

圍從「完全真實」到「完全虛擬」，基本上只要是 AR、VR、MR 等任何包含所有現實與虛擬融合的技術，都可以視為 XR 的一部分。也就是說，XR 即是以上三種技術的集合，是虛擬現實交錯融合技術的總稱。

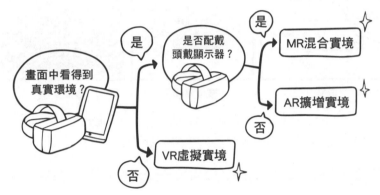

» 簡易分辨 AR ／ VR ／ MR 的流程。

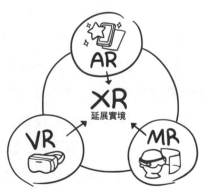

» XR 是 AR ／ VR ／ MR 的集合。

1.2
AR 擴增實境的定義

上一節我們提到「現實的馬路」和「虛擬的寶可夢」透過「手機鏡頭」同時出現在一個畫面中,這就是 AR 擴增實境。然而,在剛開始的 Pokémon GO 版本,它只有虛擬的寶可夢漂浮在真實環境中,除非你移動手機,將寶可夢對應到一個符合正常空間邏輯的位置,或是寶可夢本身就是飛行系,否則看來比較像是將寶貝球丟向一個漂浮在空中的寶可夢。

雖然現在 Pokémon GO 已有將寶可夢放在平面的效果,但其實有很多 AR 領域的專業人士,並不全然認同第一版的 Pokémon GO 是 AR 擴增實境遊戲。直到現在,仍常有人討論「Pokémon GO 到底算不算是 AR ?」這個問題,我們如果從「狹義」或是「廣義」兩種角度探討,會得到兩個不同的答案。

1997 年,北卡大學教授 Ronald T. Azuma 曾提出 AR 必備的三大元素,和現在我們描述的 AR 相去不遠:

1. Combines real and virtual （結合真實與虛擬）

2. Is interactive in real time （可以即時互動）

3. Is registered in three dimensions （建構於立體空間）

這裡我們將它變換順序，調整成三個層次，變為：

1. Combines real and virtual （結合真實與虛擬）

2. Is registered in three dimensions （建構於立體空間）

3. Is interactive in real time （可以即時互動）

　　從 1 到 3 即是 AR 感受弱到強的變化，「1. 結合真實與虛擬」即是符合 AR 的必要條件，只要符合「結合真實與虛擬」，我們就可以稱它為廣義的 AR 擴增實境。

　　符合「2. 建構於立體空間」，代表虛擬必須合理的與真實立體空間結合，即是比較正統的 AR，我們也可以稱它為狹義的 AR 擴增實境。這也是為什麼絕大多數 AR 和定位技術結合開發的重點都和這有關，包含辨識圖像、平面、物體、SLAM（Simultaneous localization and mapping）、室內定位、LBS 等等，都在持續努力朝更有效率、更精準的方向邁進。

　　因此狹義的 AR 擴增實境定義是：「只有和現實空間合理的結合，才是 AR 擴增實境。」

» Pokémon Go 宣傳影片中，虛擬的噴火龍躲在真實的石頭後面。

　　還記得 Pokémon Go 當初驚豔全世界的宣傳影片嗎？這就是狹義 AR 擴增實境的完美呈現想像，皮卡丘從草叢出現、噴火龍躲在石堆後面……等等，一切都合乎視覺空間邏輯。

　　現今 AR 擴增實境最困難的技術之一就是「**遮擋**」（Oc-clusion），一般 AR 出現於空間時，很難處理虛擬物件和真實環境物件的「前後關係」，例如虛擬的皮卡丘躲在真實的草叢後方時，照空間邏輯來說，皮卡丘的部分身體應該被草叢遮住；噴火龍在石頭後方時，下半身也應該被石頭遮擋。然而，第一版 Pokémon GO 裡的寶可夢都飄浮在空中，虛擬物件永遠都在實景前方，整體來說只符合「結合真實與虛擬」，也就是廣義的 AR 擴增實境，因此才被 AR 領域專業人士所質疑。

不過，Niantic 在 2018 年釋出的技術展示影片中，已經可以看到皮卡丘和伊布繞過花盆和人的腳後方時可以順利被遮擋消失。Apple 則在 2019 WWDC 上秀出 ARKit3 在人物遮擋上的突破，雖然在一些實測中仍會發現破綻，但已經可以看到技術的進步。另一方面，Google 的 AR Core 也將提供 AR-Core Depth API 來運算虛擬物件的遮擋效果。

隨著軟硬體技術與演算法的進步，目前在偵測空間前後距離的準確度上，雖然有越來越提升的跡象，但是還沒辦法做到 100% 正確的相對關係，偶爾還是會出錯，因此在某些 AR 的設計上，會盡量避免在體驗空間中，讓虛擬物件前方出現真實物體。

前面提到 AR 的必要條件是「**結合真實與虛擬**」，我們可以說廣義的 AR 擴增實境為：「只要結合真實與虛擬，就是 AR 擴增實境。」

Pokémon Go 在最早版本的抓寶過程中，打開 AR 模式會發現缺少了場景空間的偵測定位，它只有讓虛擬的寶可夢出現在真實環境中，像是將寶貝球丟向一個漂浮在空中的寶可夢。除此之外，玩家通常在長時間遊玩時會把 AR 模式關閉，這樣除了更容易抓到寶可夢之外，也可以減少手機耗電。

即便這些寶可夢漂浮在半空中，我們仍然可以在虛擬寶可

夢和真實環境出現有趣的結合時，打開 AR 相機來拍下有趣的畫面。Niantic 也因此舉辦了 GO Snapshot 攝影比賽，只要將最棒的 3 張寶可夢攝影作品投稿至 Instagram 或 Twitter 上，投稿時加上「#GOsnapshot」或「#GOCreateChallenge」標籤即完成參加。這個活動吸引了許多玩家透過 AR 模式拍照參與，最後總計收到 57,000 件作品。

另一個更擴大你想像中「廣義 AR」定義的例子：知名耳機與音響品牌 Bose 推出的 AR 太陽眼鏡。雖然一樣是 AR 眼鏡，不同的是它並不透過視覺的疊加，而是透過 GPS 定位以及傳感器來得知你所在的方位，並用聲音來擴增你的實境「聽覺」感受。例如在導航過程中，你不必拿起手機，Bose AR 眼鏡會直接用聲音告訴你下個路口該向左或向右轉，未來還可能告訴你所在方位的相關資訊。Bose AR 也釋出了開發 SDK（Software Development Kit，軟體開發套件），期望開發者能打造更多實用的用途。

「只要結合真實與虛擬，就是 AR 擴增實境。」Bose 因此稱自家產品為 AR 眼鏡。

甚至有個玩笑是：「收音機是最早的 AR 擴增實境。」

電影常使用的 AR 擴增實境視覺呈現中，除了後製特效讓它酷炫之外，最大的魅力仍在於它提供現實世界所沒有的感官

延伸，超越了我們對日常生活的想像。這些電影中的情節有一部分已經慢慢成真，而 AR 也開始幫助人類在現實中更便利的生活、更有效的傳遞訊息、更安全的訓練、更直覺的交通方位引導。

我們知道從狹義和廣義的定義來看待「Pokémon GO 是不是 AR ？」這個問題時，會得到不同的答案，但是我們不必如此嚴肅地鑽牛角尖。所謂 AR 的定義界限，會隨著更多新概念而不斷擴大，就像 Bose 的 AR 眼鏡，無論我們怎麼去定義它，可以確定的是 AR、VR 或 MR 等任何科技存在的目的，最終都為了讓人類有更好的生活，因此只要能夠幫助我們解決生活中的問題，它就是好的 AR 擴增實境。

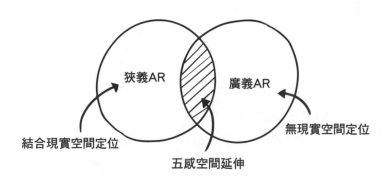

» 狹義和廣義的 AR 定義區別。

1.3
AR 擴增實境的發展史

　　《綠野仙蹤》作者 L. Frank Baum 曾說：「**想像力將平凡的事物變得偉大，並且讓創新從舊事物脫穎而出。**」1901 年他提到「以電子展示的方式覆蓋在真實生活中」的想像，被廣泛認為是最早和 AR 有異曲同工之妙的想法。

　　直到 1960 年代後期，電腦繪圖先鋒 Ivan Sutherland 和他在哈佛大學與猶他大學的學生，建構一個機械式追蹤的 3D AR 頭戴顯示設備，穿戴此設備，會將電腦所產生的資訊和真實物件一起投影在實驗室的牆壁上。

　　1970 年代左右，追蹤技術開始進步，讓電腦模擬領域開始有了新的發展。1980 至 1990 年代，美國空軍阿姆斯壯實驗室、麻省理工學院、美國國家航空暨太空總署之艾姆斯研究中心、北卡羅萊納大學、華盛頓大學之人機界面實驗室等，都開始研究 AR 擴增實境。

　　1990 年代初，前波音公司研究員 Tom Caudell 和 David Mizell 創造了「Augmented Reailty 擴增實境」這個名詞，

他們當時正在開發一種實驗性 AR 系統，使用了頭戴顯示器（HMD，Head-Mounted Display），將電腦運算出的製造過程圖與現實世界位置和用戶的頭部位置計算進行疊加，協助工廠工人裝配管線設備。

1994 年 Paul Milgram 和 1997 年 Ronald T. Azuma 分別提出對 AR 擴增實境的定義，本章前兩小節中也有提到，直到現今，這兩個概念仍都被大眾所認同。

2000 年後，人們對 AR 的興趣開始大增，以黑白幾何圖形或 QR Code 作為定位啟動擴增實境開始流行。到了 2007 年 Steve Jobs 發表第一代智慧型手機 iPhone 後，整個世界邁入了移動互聯網時代，我們的生活場景從電腦轉移到手機與平板。智慧型手機的普及與進步，更間接帶動了 AR 的發展與傳播速度，越來越多的現實定位結合技術，包括以圖像、柱狀、物體、人臉、平面等各種定位方式，都和擴增實境結合，產生了各種革命性的互動型態。

AR 開始幫助許多產業解決各種問題，像是 IKEA 家具便在「IKEA Place」APP 提供了家具試放功能，讓你不必再猜想家中空間是否足夠擺放；而 LEGO 樂高賣場提供掃描包裝盒就能看到盒內積木組裝完成的樣貌；Facebook 也結合了 AR 濾鏡特效，營造出新的互動廣告行銷模式。

自從 2013 年 Google 推出第一代 Google Glass 這款 AR
眼鏡之後，Microsoft、Magic Leap 乃至 Apple、Facebook、
Snapchat 等國際一流大廠，都前仆後繼的進入 AR 眼鏡領域。
然而，目前 AR 眼鏡仍存在著硬體費用過高、FOV（Field of
View，視野）太小的問題，導致 AR 眼鏡較常出現在企業端的
專業垂直領域使用上。

　　2016 年轟動全球的 Pokémon GO 問世，創造全世界的
抓寶喪屍潮，讓一般民眾也慢慢接觸認識到 AR 技術，引發更
多人有興趣去了解它。

　　2017 及 2018 年，Apple 和 Google 分別推出了 ARKit 和
ARCore 的 SDK，意味著人手一隻的智慧型手機，只要落到消
費者手上，即具備了強大的 AR 功能。除了 Google 和 Apple
的助拳外，手機硬體在效能上持續不斷挑戰傳統電腦、攝影機
鏡頭性能持續提升、各種定位方式和演算法仍馬不停蹄。這些
軟硬體革新也反應在統計數據上，2018 年，具備 AR 功能的
移動裝置達 8.5 億臺，手機內建 AR 功能的時代漸漸到來。

　　無論科技如何進步，建構一套 AR 系統的配備始終相同，
定位方式、顯示器、傳感器、電腦，這些組成元件的效能技術
不斷突破，各種 AR 應用結合也不斷出現在我們的周遭生活，
了解 AR 並學會如何運用，是未來每個人都該具備的能力。

1.4
AR 的媒介與表現方式

　　隨著 AR 擴增實境逐漸普及和技術設備的到位，AR 技術漸漸被全世界所重視，許多企業品牌紛紛利用 AR 來做行銷宣傳及廣告上的應用，在醫療、訓練、教育等降低風險或降低成本的應用中，也有不少例子。

　　然而，一般社會大眾對 AR 的傳播媒介往往比較難理解，AR 究竟是用什麼形式呈現在我們眼前？或者，對於品牌或企業而言，究竟應該使用哪些 AR 媒介來解決問題？這對一般品牌或企業同樣是個不小的問題。

　　AR 發展至今，我們可以大致將 AR 媒介分類為四個主要的類型：**AR 平臺、社群媒體、AR 眼鏡、Web AR**，本節除了介紹這四大類 AR 媒介外，還將說明它們各自發展的趨勢狀況和優缺點，讓一般民眾更理解 AR 可能會出現在哪些地方，也讓企業或品牌欲導入 AR 服務時不再毫無概念、一頭霧水。

1.4.1 AR 互動媒介── AR 平臺與客製 APP

在智慧型手機客製 APP 的 AR 應用中，遊戲與行銷廣告為大宗，有一些專門提供這類服務的廠商，讓品牌商能夠實現比較客製化的服務。而手機 AR 平臺應用領域則更為專業，因為長期投入在 AR 技術研發，方能發展成長期平臺服務，因此將更廣泛運用於遊戲、行銷、廣告、零售、觀光、出版、場域、教育、訓練等等，目前已有許多品牌企業長期使用，並且能逐漸形成服務趨勢。

無論是客製化 APP 或 AR 平臺，能夠提供的 AR 服務彈性都較高，品牌企業想使用的 AR 效果或企劃方案，大多能夠實現，即便有短期技術無法實現的問題，也有許多替代方案可以組合。而比起客製化 APP 而言，AR 平臺又擁有更便利與活動快速上線的優勢，替品牌企業節省許多專案上線的時間。

有些品牌商會有引導下載 APP 的配套措施疑問，不過AR 平臺因為有既有的使用者，下載 APP 並不需如獨立客製化APP 需要從頭開始宣導，只要設置說明立牌或人員進行引導體驗，整體搭配下來都能讓 AR 體驗旅程更順暢。此外，臺灣4G 網路非常普及發達，而 5G 時代又已來臨，隨著網路的順暢與普及，下載流量不會是問題，大部分使用者也都能理解，使用 AR APP 平臺通常能獲得更好的體驗。

1.4.2 AR 互動媒介──社群媒體

Facebook、Instagram 及 Snapchat 等社群，分別擁有 Spark AR、Lens Studio 讓創作者製作 AR 濾鏡的創造工具，提供品牌商特製的 AR 效果，替企業製作 AR 廣告。而這些社群媒體提供的濾鏡效果，在 AR 體驗的種類選擇上，也有越來越多的趨勢。

在臺灣，Facebook 和 Instagram 用戶自帶安裝率高，品牌在宣傳推廣時，通常只需顧慮內容是否具備創意即可，但通常較無法累積相關使用者行為的數據與效益。而 Snapchat 則以美、加、英、法、澳等地的年輕人覆蓋率較高，年輕人大多更願意嘗試新事物，因此 Snapchat 在美國千禧世代每天有 41%使用率，用戶使用廠商贊助的 AR 濾鏡平均超過 20 秒。

然而，社群媒體的 AR 受限於創作工具推出功能，在企劃或使用上會有些限制。另一方面，近年來民眾的隱私意識提高，越來越多人退出社群媒體，因此有無法觸及部分非社群媒體用戶的問題存在，例如你的用戶如果不使用 Facebook 或是沒有安裝 messenger，他們就沒辦法使用你的 AR 濾鏡。

1.4.3 AR 互動媒介── AR 眼鏡

AR 眼鏡是 Microsoft、Magic Leap、Facebook、Snapchat、Apple、Google 等世界級公司目前重點發展的項目之一，另外也有其他 AR 眼鏡廠商提供許多不同場景的應用方式。由此可知，企業家和資本市場對 AR 眼鏡寄予重望，期望利用 AR 眼鏡來改變人類未來的生活。

2013 年，第一代 Google Glass 開啟了 AR 眼鏡的浪潮，雖然它的出現並沒有帶給大家太多驚喜，但卻帶給我們對未來生活無限的想像空間。

一直到了 2018、2019 年，第二輪的戰場重啟，Magic Leap、Google 及 Microsoft 都推出了新款的 AR 眼鏡。目前 AR 眼鏡仍以應用在企業端的專業領域為主，市場有消息指出，專門提供使用者端服務的 Apple，也許會在 2020 年推出面向個人消費者的輕量 AR 眼鏡。

AR 眼鏡提供人類肉眼「所見即所得」的畫面，創造更沉浸的體驗，並且解放雙手，不需要一直拿著手機。此外，新型態的 AR 眼鏡更是以手機驅動的模式發展中，讓 AR 眼鏡省下運算的重量與空間，變得更輕更薄。

但目前的 AR 眼鏡設備整體價格仍屬昂貴，不論是 Magic Leap One、Hololens 或 Google Glass，價位均落在 1,000 至

3,500 美元之間，且眼鏡的重量負擔仍不小，也因此現在僅以軍事、醫療、訓練等企業端專業領域應用為主。

1.4.4 AR 互動媒介── Web AR

Web AR 是近年興起的一項技術，整體仍處於萌芽階段，其原理是透過准許手機開啟網頁瀏覽器的攝影機權限，來進行廣義或狹義的 AR 應用。

儘管現在 Web AR 發展上已有人臉、平面、圖像辨識等技術，但 FPS（Frame per Second，每秒顯示影格數，FPS 越高畫面越流暢）往往還無法達到一般人能接受的最低要求，手機網頁的效能終究沒有 APP 來得好，目前僅以廣告行銷這類特別注重觸及用戶及傳播便利的應用領域為主。

Web AR 的優點在於它建立在網頁瀏覽器上，所以不被 Android 或 iOS 平臺所限制，因為是使用網址開啟的原因，所以它的傳遞性和即時性都非常強，只要點開網址或是掃描 QR Code 就能使用。

Web AR 雖然看似便利，但在技術上仍有許多限制，每一款瀏覽器支援 Web AR 的程度也不同，例如當你使用 Line、Messenger 或是其他通訊軟體點開 Web AR 網址時，有可能無法順利啟動 Web AR，通常它也會要求 Android 手機要使用

Chrome、iPhone 手機必須使用 Safari 來開啟。

　　再者，由於 Web AR 的效能問題，應用目前也較為單調，只能製作簡單的 AR 內容，若想要客製化品質高一點的 AR 體驗，AR 平臺相對來說更為合適。儘管如此，隨著技術和網路速度的進步，Web AR 的體驗預計也將持續得到改善。

1.5
AR／VR／MR 發展現況與面臨問題

　　以現階段而言，AR 擴增實境技術發展最關鍵的難題，始終離不開如何將虛擬物件「持續穩定地定位在真實環境中」，因為只有穩定地持續定位，虛擬與真實結合的感受才更強烈。目前定位技術較為成熟的有圖像辨識，其他如臉部辨識、SLAM（Simultaneous localization and mapping）、室內定位等定位演算法仍在不斷進步中。

　　VR 虛擬實境最大的難題，在於「頭戴顯示器的重量和舒適度」，想一想，誰都不願意帶著笨重的頭盔來暢遊虛擬世界吧！只有減輕重量和更舒適的配戴，才能延長使用時間，給使用者更舒適的體驗旅程。

　　而 MR 混合實境因混合了 AR、VR，因此其發展難題同時包含了 AR 的「持續穩定地定位在真實環境中」和 VR 的「頭戴顯示器的重量和舒適度」，這兩個問題都需要克服。

　　無論是擴增實境 AR、虛擬實境 VR、混合實境 MR 或是其他新興科技，一個最重要的挑戰莫過於「應用場景」。還記得

智慧型手機不發達的年代，我們未曾想像過訊息傳遞、購物、學習、查詢交通時間、訂票、看新聞等這些生活中的大小事，可以這麼簡單的用智慧型手機完成。

隨著 AR 技術的日漸成熟，你是否也已經開始有一些未來生活的想像呢？

» AR 進入未來生活的想像。

PART 2

AR 驅動產業翻轉

»打開「marq+」APP，掃描上面的圖片，觀看有趣的 AR 導讀內容。

2.1
數位轉型之重要性

　　近來數位轉型一直是全球熱門的議題，根據 IDC 預估，
到 2023 年，全球數位轉型支出將達 2.3 兆美元，占所有 ICT
產業支出的一半以上。在 2019 至 2023 年之間穩定增長，預
計實現五年內複合年增長率將達 17.1%，反映了全球產業對
於數位轉型的高度需求。

數位轉型有三個進程，分別為「**數位化**」、「**數位優化**」再到「**數位轉型**」。臺灣部分傳統產業的中小企業目前還處於「數位化」的階段，即企業僅採用電腦或是科技設備來提升營運效率；而目前臺灣企業有大多數處於「數位優化」，在數位化基礎下，具有數位科技的經驗與知識，並能靈活運用提升數位化的水準。

「數位轉型」簡單來說是結合數位科技、簡化且快速的方式來解決問題，涉及範圍相當廣泛，從營運流程、行銷業務、創新研發到顧客服務等，與企業運作的內外面向相關都可以囊括進去。但各產業的需求及轉型出發點皆不盡相同，數位能力成熟的組織能夠建立一個完整數位生態，從環境與文化徹底轉型，這需要企業不斷積極的去挑戰、測試。

2019 年《遠見雜誌》首次針對臺灣數位轉型進行調查，在 306 家自評企業中，有 88.2% 具有數位轉型的想法，且有 10.1% 企業進入數位轉型成熟期，為企業帶來新產品、服務並產生營收。而在轉型速度方面，其中以金融保險業自評進度最快為 4.2 分，科技製造業只有 2.38 分，企業轉型成熟平均需要花費 5.9 年，與全球相比成熟度仍不足，且轉型的腳步相對緩慢。

88.2%有數位轉型想法，金融業進度快、科技製造包袱最大

問：你認為貴公司目前處於數位轉型的哪一個階段？（％）

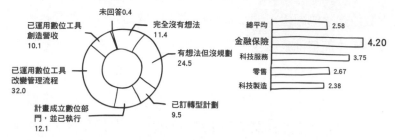

» 88.2% 有數位轉型想法，金融業進度快、科技製造包袱最大。

企業推動數位轉型，擬花5.9年

問：關於數位轉型，你認為貴公司從起跑到數位轉型，需要幾年？（年）

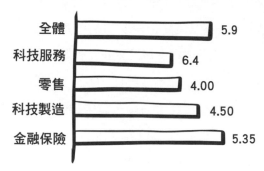

» 企業推動數位轉型，擬花 5.9 年。

「在近十年，我們將看到至少 40%的企業面臨倒閉，……如果他們沒有成功的讓新科技融合進原本的營運流程中。」

—— Cisco 執行長 John Chambers

　　當企業面臨多元競爭及創新科技衝擊下，企業遲早會面對數位轉型的問題，若不積極面對此一議題，可能將遠遠被市場拋在後方。數位轉型對於提升營運能力、客戶滿意度、創造新體驗及市場競爭力都至關重要，端看亞馬遜、Netflix、Airbnb等企業成功的商業模式、嶄新的營運流程，就知道為什麼不管企業的規模大小與否，皆需要擁抱數位轉型。

2.2
AR 在數位轉型時代的價值

　　根據 2018 年《哈佛商業評論》報導，哈佛管理學大師麥可・波特（Michael Porter）表示：「**每個組織都需要 AR 擴增實境策略。**」

　　透過 AR 擴增實境的技術，能讓我們將數位資訊和各種選擇，即時疊加在人類觀看的真正實體世界上面，大幅改善了人類吸收、處理資訊的能力，同時更改變了企業營運、製造、設計和服務產品的方式，讓更多產業獲取更多的商機！

　　根據研究機構 ARtillery Intelligence 在 2019 年公布的預測資料顯示，全球 AR 市場份額將從 2018 年的 19.6 億美元持續增長到 2023 年的 274 億美元。

　　從消費者端和企業端分別來看，2023 年的企業端預測市場份額占比成長到 195 億美元，比消費者端的 79 億美元高了 2.4 倍。其中企業端最大占比的兩個類別是 B2B 的 AR 開發工具和 AR 廣告，兩者加總占了 AR 在全部企業端營收的 75%。而在企業端的 AR 產業應用占比中，媒體、廣告和遊戲占最

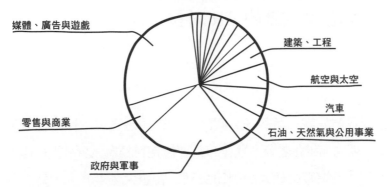

2019年AR產業應用分布

媒體、廣告與遊戲

建築、工程

航空與太空

汽車

零售與商業

石油、天然氣與公用事業

政府與軍事

» 2019 年 AR 產業應用分布。

多，加總超過了 25%，而軍用、零售、商業、航空業、汽車產業也有不少。

2016 年 Pokémon Go 遊戲的風行，對於 AR 應用只是一個開端，而 AR 技術能夠消除產業或客戶痛點，在企業端協助優化營運流程，提供虛實解決方案，為客戶帶來創造個性化體驗。目前擴增實境已經運用於許多產業，包含零售、觀光、時尚、教育及工業等各領域，這也使消費者對於 AR 接受度增加，對於導入 AR 的產品或服務之商業模式感到熟悉，未來採用將會有更大幅度的增長。

2.3
驅動產業前進的 AR 科技

　　我們先談一個例子，假設一家公司想實現環保的社會價值，朝向無紙化辦公室運作，首要設定目標為減少紙張使用。除了透過追蹤每個人的列印頁數，若想大幅度減少，則需要建置新的工作流程，像是舊資料皆轉成電腦建檔，報告資料適合在行動裝置查閱、使用電子合約、電子簽名完成與客戶的交易、每月產品行銷資訊改由 EDM 發送。以上概念雖然很簡單，卻直接說明由「數位化」再到「數位優化」的過程。

　　接下來，一般公司在售出商品時會附上說明書，在面對外國客戶及消費者還需加入多國語言，這樣一來，紙張的耗費就相當大了。應用 AR 科技來替代原本的使用說明手冊，用戶只要啟用智慧型手機，開啟擴增實境 APP 及鏡頭，掃描產品包裝上的圖片，便可輕鬆獲取商品的展示細節，並呈現多語系的詳細資料及使用步驟，也能引導用戶留下商品滿意度評價，或是到網站看更多的商品，透過數據分析工具，了解客戶瀏覽足跡，建立完整系統，促使「數位轉型」逐步完善。

» 產品利用 AR 呈現使用說明和原料來源。

　　擴增實境運用「視覺化臨場體驗」及「虛實互動融入情境」兩大特性,改變了每個行業的運作方式,在體驗、感受及記憶都有幫助。如近來工業製造 4.0 強調智慧化,因此擴增實境在工業領域中逐漸被導入,使虛擬物件能呈現在實體機臺,輔助製造流程與強化訓練的正確性、安全性、效率等,進而創造出全新的工作模式,改變企業在產品研發、設計及製造的流程。簡而言之,AR 將提供操作人員簡易的學習方式及降低錯誤,為企業改善或解決問題,間接也驅動了產業數位轉型。

2.3.1 智慧教育

　　過去二十年來，全球教育市場受數位科技的創新影響，延伸出教育科技（EdTech）的發展，由於年輕學生屬於數位原住民一代，自出生以來便深受智慧型手機、電腦、網路遊戲、數位影音及社交媒體等網路時代產物的影響，在思考及吸收資訊的方式已與過去有所不同。

　　根據 Harris Interactive 調查，92% 的教師願意在課堂上採用 EdTech，同時有 96%的教師認為 EdTech 可以提高學生的學習參與度。近年來 EdTech 的使用逐年增加，它為教師及學生帶來了如追蹤學習進度、提高師生間溝通、課程協作等好處。因此，全球的教育機構體系都不得不重新思考整體策略。

全球投入教育科技的增長

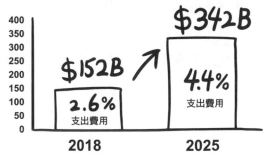

» AR 市場預估成長幅度。

全球教育產業投入數位化支出，自 2018 年的 1520 億美元，2025 年預估將增長到 3420 億美元，其中以 AR 擴增實境及 VR 虛擬實境導入成長幅度最大。IDC 也預測，到了 2023 年，AR 和 VR 將為全球 20% 的教育機構帶來虛擬混合及沉浸式解決方案，改變學習互動的方式及質量。

▍擴增實境改善學習體驗

1. 遊戲化

傳統的教育方法傾向老師單向教導學生知識，學生處於被動吸收，若學生對課程或話題沒有興趣，專注度將無法提高。擴增實境在娛樂上的使用相當普遍，後來擴展至各個領域，在教育上則能使學習遊戲化，利用將教材視覺化、增加遊戲元素來吸引學生目光，且遊戲普遍對於年輕學子擁有較高的接受度，能讓課程更有吸引力，刺激學生興趣的產生，同時促進教室內的學習和師生互動。另一方面，利用遊戲方式來評分紀錄，可以了解學生的理解程度及進步幅度，進而改善學習成果。

學齡前孩童的學習，若能多元且生動，將為孩子打下良好的認知基礎。幼兒繪本《好餓的毛毛蟲》（The Very Hungry Caterpillar）作者 Eric Carle，便以 AR 讓故事精彩且直觀地呈

» AR 演示毛毛蟲變蝴蝶。　　　　» AR 應用在教學增加趣味性。

現於現實世界，使孩童對於自然界生物有更多認識，並發展對養育的認知，透過父母的陪伴，共同創造美好的回憶。

　　遊戲化對於學齡孩童的基礎教育有很好的幫助，因為多數小孩無法專心並提起興趣學習數學。Plugo 公司推出的 Plugo Count，透過遊戲設計，讓數學練習搖身一變成為冒險故事，不但有可愛的角色，更有追逐、爆炸等遊戲事件，讓孩童透過 AR 互動，更有效率的學習原本無趣的加減算數。

2. 促進學習互動

　　大腦能夠記下 90% 做過或模擬過的事情，但僅靠閱讀和聆聽過的內容，則分別僅能記住 10% 及 20%。AR 教育相當重要的一部分，即是將學習內容形象化，學生不需要依靠本身的想像力去記憶，不論是運用在學齡前刺激學習，或是課程當

中艱澀難懂的化學式，都能有效提高學生吸收的效率。

　　AR 擴增實境可以提供高度互動式學習，所以許多開發者都相當著重於 AR 內容的生動呈現，使學生相較於文字、2D 圖像或影片等單向內容，擁有更多記憶點。

　　2019 年 5 月，出版界龍頭 McGraw-Hill 與 Alchemie 合作 AR 教育應用，這項合作為大學化學課程開發了擴增實境 APP，以遊戲為基礎，提供學生以 AR 的方式探索難以理解的原子構造，協助學生完成大學艱難的化學課程。

　　這有別於 Apple 和 Google 專注於將 AR 應用於兒童教育，McGraw-Hill 希望解決高等教育問題。另外，也有越來越多開發商，像是 HoloLens 和 Magic Leap One，為大學提供

» 可視化的 AR 教學幫助學生更容易學習艱難的化學。

沉浸式體驗。

3. 增加專注度

　　不管是學校老師或家長，都希望學生能在學習上獲得最好的成果，因此提升吸收速度和專心度都是必須的。英國神經行銷與分析公司 Neuro-Insight 研究發現，大腦記憶對 AR 和非 AR 任務的反應，人們記得有 AR 體驗的訊息比一般沒有 AR 的內容高出 72%，在參與度、左右腦記憶和注意力、情感反應強度上，AR 體驗也都比沒有 AR 的體驗還來得高。

　　在課堂上學生通常容易分心，藉由 AR 體驗能加入視覺效

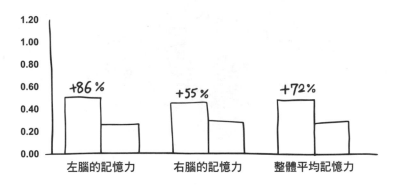

AR體驗能夠幫助大腦記憶

» 人腦對 AR 體驗的記憶比非 AR 體驗高出 72%。資料來源：Neuro-Insight

果、音效或 3D 互動等，因此更能維持學生的注意力。這對注意力不容易集中、對課程資訊吸收度較差的學生特別有幫助，能讓學生保留比從傳統教學方法中獲得的更多訊息，天文、生物、歷史及地理等課程都能使用。

擁有 40 年教學出版經驗的空中美語，出版了一套 AR 遊戲字彙書《My First Words in English via AR》，收錄了教育部基礎 1,200 英文單字，並揉合 108 新課綱的核心素養精神，規劃主題式 AR 情境教學，結合點讀筆及豐富多元的 AR 遊戲，幫助學生對枯燥的語言學習產生興趣，能夠有效幫助理解和不易分心，更專注於課程內容。

掃描 QR Code
觀看案例影片

» 空中英語——AR 遊戲字彙書

4. 輔助自主學習

　　擴增實境的使用不限於學科、特定年齡或教育水平，除了運用在學前教育到高等教育的課程外，甚至能幫助每個人自主和遠端學習。AR 就像一個虛擬老師，輔助人們在各種情境生活中探索及學習，即時呈現教學素材，不管線上或實體都可以更有效率的輕鬆學習。

　　在天文學習方面，目前市面上有非常多款觀星的擴增實境 APP，透過行動裝置來探索夜空，能辨識 20 萬顆恆星、行星、星座和衛星，並提供相關的詳細訊息。面對浩瀚無垠的天空，僅需開啟裝置定位，對準天空，無論白天或黑夜皆能夠獲取星體位置，將不再抓不準方位。

» 透過行動裝置來進行 AR 觀星。

▎AR 教育將改變未來學習模式

全球 Z 世代（出生於 2000 年後）已超過 20 億人，出生在高科技蓬勃發展時代的這群人，一出生沒多久便理解智慧型手機及各種應用程式等科技產品，甚至無法想像沒有 Apple 和 Google 的生活。因此教育也必須與時俱進，像是擴增實境應用在教育尚處於初期階段，雖有一些限制需要解決，但 AR 教育仍有很大的發展性，能夠提供不同學習方式給現在及未來的學生。

根據 Juniper Research 的調查，雖然 AR 一開始多應用於娛樂遊戲產業，但依統計顯示，消費者對 AR 產品的評價比非 AR 產品高出 33%，且學生容易自然而然的被 AR 呈現出的虛實世界所吸引。

2.3.2 智慧醫療

燒燙傷患者最難熬的，便是每天換藥造成的疼痛，即使使用標準劑量的鴉片類藥物（含嗎啡及嗎啡相關之藥物），超過 86% 的患者仍會感受到嚴重的疼痛感，況且每年還因鴉片類藥物的使用，奪走了成千上萬寶貴的生命。

在過去 20 多年，華盛頓大學研究人員、VR 專家 Hunter Hoffman 和疼痛心理學家 David Patterson，持續研究能

» 利用 XR 科技讓病患減輕疼痛。

為燒燙傷患者緩解疼痛感的虛擬實境遊戲—— Snow World。Snow World 將患者的注意力從痛苦轉移到冰冷的、藍白色系的虛擬環境，遊戲中他們需要不斷投擲雪球。乍聽起來或許是很一般的遊戲，但對燒燙傷患者來說，他們因為沉浸在 VR 遊戲中，而減輕了 35% 至 50% 的疼痛感，與中等劑量的鴉片類藥物減輕的幅度相同。

▍擴增實境於醫療上之應用層面

　　AR 不僅為教育帶來互動式體驗，且對大腦記憶和注意力有所提升，Forbes 在 2018 年發布了醫療保健五大客戶體驗

趨勢，AR 擴增實境便是其中之一。在整個醫療領域的應用又分出多個層次，以下我們一一討論，AR 為醫病帶來了什麼實質用途與功能提升。

1. 醫學教育與培訓

AR 為醫學教育帶來相當大的幫助，有許多醫療機構已使用在課程教授上，像是在模擬病患及外科手術的教學，讓學生在 AR 的情境中學習、犯錯，而非在未有任何經驗前，直接進行解剖實驗或技術操作。畢竟直接在醫院臨床學習，有時風險太大、耗時，並難以有系統的組織起來。

透過 AR 讓醫學培訓系統化，由簡易至複雜進程，將有效地獲取經驗，醫學生可在不受限於實驗室資源分配或臨床病例，達到全面性學習。目前醫學教學課程缺乏真實情境（例如：手術室）培訓，透過 AR 進行培訓，能夠了解實際操作面臨的問題，以及釐清學習上的誤解，在實際操作時減少錯誤，進一步提高患者的安全性。

2. 輔助醫療手術進行

現今醫學發展日新月異，技術資訊豐富且更新快速，手術室有各式醫學儀器、器具及豐富電子訊息輔助醫師，而外科醫

師在執行手術必須相當專注，對於外部傳入的訊息會增加精神負擔，使用擴增實境技術，能呈現虛擬於現實之特性，將訊息過濾後，輸入到外科醫師的視野之內，降低手術失誤的機率。

　　想像一下這樣的應用，當病人的數據及電腦斷層掃描直接輸入到外科醫師配戴的 AR 眼鏡，醫師便可透過圖像，於手術前確實了解患者的生理結構，不必實際切開身體便可看到骨頭、肌肉及臟器的位置，準確地注射或進行手術。需進行緊急手術時，也能夠節省時間，讓醫師快速獲取病患訊息，不需再透過紙本文件或電子病歷查詢。

3. 遠端醫療／院前護理

　　德國亞琛市建立了個人醫療急救護理多年，透過緊急醫療服務（EMS）獨立軟體，醫師可以遠距為前線的急救人員提供醫療協助，幫助他們做出專業性的決定。雖然這個部分尚未應用於災難醫療，但已有相關研究針對發生大規模傷亡事件時，前線急救人員如何透過有效率的系統協助分級，並將傷患送往最適當的醫院。

　　研究中透過 AR 眼鏡技術輔助，分診每一例會高出傳統方法約 20 秒，但準確率能達 92%，比起傳統方式的 58% 高出許多，由此看來，AR 眼鏡對於災難醫療是有用的工具，可以

讓急救人員在使用數位資料與遠端聯繫時，雙手能夠繼續作業。考慮到分流的質量，目前的延遲時間似乎可以被接受，且隨著技術的提升，未來也有機會提高分診效率。

4. 輔助醫師診斷及療程

　　於門診看診時，有時病患無法準確地向醫師描述症狀，或是醫師解釋症狀或治療方式，病患無法正確地理解。Orca Health 推出的擴增實境 APP，將常見的醫療狀況和治療方法，透過 3D 模型、動畫製作和圖像的建置，簡化了繁複的醫學概念，協助醫護人員說明，讓病患更清楚地了解。

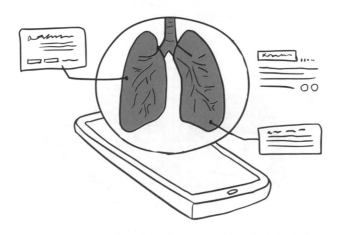

» Orca Healthru 將繁複的醫學概念，用 AR 擴增實境方式淺顯易懂的呈現。

全球約有 5% 的人受到閱讀障礙困擾，患者在智力無缺損的狀況下，對於閱讀和書寫文字產生困難。有研究針對此一部分，以 AR 擴增實境為基礎開發 APP，用以測試是否能改善學齡兒童對於讀寫的識別能力，進而讓醫師準確診斷。該研究在厄瓜多首都基多的一所學校進行，發現透過擴增實境能更準確檢測出閱讀障礙，對於早期發現具有相當好的效果。

　　另外，近年來整型醫學盛行，AR 技術用於醫學美容、整形方面都有成熟的表現。美國有新創公司便將擴增實境用於整形術前諮詢，例如隆胸手術，病患穿著特殊的胸衣，醫師可以運用 iPad 鏡頭辨識影像，透過應用程式調整成不同的罩杯及形狀，乳房模擬的影像可疊加在病人身上，讓患者直接了解術

» 利用 AR 科技預覽整形效果。

前與術後的改變。當然，這一部分的應用更可用於臉部整形，像是鼻子、眼睛及臉部拉提等。

AR 眼鏡之醫療應用

　　微軟 HoloLens 與 Novarad 合作的 OpenSight 擴增實境系統，日前首次被 FDA（美國食藥管理局）批准，HoloLens 510（k）可用於醫療手術前計畫。醫師透過 OpenSight 獲取患者的 2D、3D 及 4D 圖像，透過 HoloLens 內建的攝影鏡頭和定位技術，直接在患者身體上呈現，毋須外科醫師進行切口即能完成內部可視化，提高醫療執行過程的精準度、速度和安全性，同時，喬治華盛頓大學醫院也成為採用該新系統的第一

» AR 眼鏡首次被 FDA 美國食藥管理局批准可用於醫療手術前計畫。

支醫療團隊。

在更早之前，倫敦帝國理工學院和倫敦聖瑪麗醫院等醫院，已開始使用 HoloLens 協助重傷傷患的重建手術，過去需要使用手持掃描儀在傷口附近找到主要血管，現在只需透過 AR 眼鏡中呈現的 3D 圖像，就能幫助醫師準確找到主要血管。

▍AR 醫療之未來機遇與挑戰

AR 擴增實境持續改善醫師與病患之間互動的方式，為醫師提供更準確的資訊，給予患者最好的治療。根據統計，在 2025 年數位醫療市場預估達到 5366 億美元，全球各地的醫院將積極採用創新科技來改善醫療照護。根據分析預測，在醫療領域，自 2017 年到 2023 年，全球 AR 市場的複合年均增長率將達到 23%。

目前全球現代醫療持續發展，雖然無法將醫療服務送達到每個角落，但 AR 擴增實境應用於醫學確實能帶來幫助，除了前述的應用於醫學培訓、輔助手術等層面外，像一般的衛生教育、個人照護，甚至是兒童健康知識的建立，都夠運用 AR。另外，像是在遠端醫療的運用，也能彌補偏鄉醫療及資源不足的情況，以確保能夠挽救更多生命。

擴增實境導入醫療也是相當大的挑戰，有越來越多的研究

證實 AR 技術能改善醫學成果。但由於需要應用在人體上，其中涉及患者的健康及生命延續，需要投注醫學、科技等大量資源，才能讓整體產業鏈串聯起來，造福更多的病患。

當然，AR 眼鏡仍有不足，像如何更為輕巧，讓醫師穿戴起來方便舒適不影響手術操作，FOV 的大小如何與手術環境達到平衡，系統輸入眼鏡的影像是否清晰準確，最重要的是醫師能否有系統的導入使用，為開發商帶來更多反饋等，這些問題都是未來幾年需要持續克服的地方。

2.3.3 智慧工業

工業發展演進自工業 1.0 使用蒸氣為動力，出現機械代替勞力；工業 2.0 以電氣為主要動力，進入電氣化時代；工業 3.0 以電腦協助人力製造，進入數位控制時代；目前則進入工業 4.0，模糊了真實與數位之間的界線，以「**智慧化**」為核心，串聯物聯網、雲端運算、大數據、人工智慧及擴增實境等技術，因而「智慧製造」話題在製造業中蔓延。

在工業製造領域，大多數擴增實境應用尚處於起步階段，但它未來相當有發展潛力，許多製造商正開始使用 AR 來改善人力培訓及設備維護。

過去，我們經常看到 VR 虛擬實境運用於工業機臺教育訓

練的案例，屬於完全沉浸式的模擬訓練，但在現實的工作環境中，無法使用 VR 裝置進行相關操作，這會阻礙人員的實際操作。而 AR 擴增實境與之不同的是，能呈現更多的數位訊息或圖像疊加於現實中，使得操作人員更自然且無縫的完成工作。想像一下，戴上 AR 眼鏡，透過眼鏡穿透式的觀看效果，即可直接在工業機臺旁邊顯示相關的操作說明，相較於 VR 應用，AR 的效果更能連結即時數據相關訊息。

擴增實境於工業之應用場景

　　許多製造商已開始藉助 AR 技術優化工業作業環境，消除人員間工業技能落差，並克服人力高齡化及製造技能差距日益擴大的挑戰。在現實之中疊加數據訊息具有其價值，也與人員操作息息相關，從簡易的介面說明到複雜的機械組裝說明，從傳統製造到航太科技，擴增實境帶來不同應用的呈現。

1. 設備組裝／維護

　　飛航安全對於航空產業相當重要，飛機組裝是相當複雜且重要的任務，必須以零失誤的高標準來看待，因此，訓練工程人員需投入相當多的時間及資源，若能借助 AR 眼鏡在工作期間進行輔助，將組裝、檢測或維修資訊疊合在機構相關位置，

無論是螺絲、零件、電線等都能對應在正確定位上，同時顯示重要的組裝或維修提示與 3D 影像，進而提升整體工作的效率與品質。

波音（BOEING）公司目前正在導入 AR 輔助機身內部配電，在過去技術人員必須閱覽並理解大量的平面圖，根據大腦想像整體構造，在沒有實際物體的情況下嘗試進行作業，透過使用擴增實境技術，技術人員能以即時的 3D 圖像輕鬆地查看所有電線的位置，進而深入周圍環境中查看配線圖，3D 接線圖就在他們眼前，對企業來說是一種有效的解決方案。根據該波音公司技術研究人員指出，使用 AR 輔助在首次質量能提高90%，減少 30% 的工作時間，一般來說，生產率要提高如此程度是很難的。

另一方面，AR 也能應用於設備維修，讓維修團隊先一步確認潛在問題所在。微軟的 HoloLens 針對 MR 混合實境裝置進行開發，透過鏡頭的作用，結合 AR 及 VR 個別優點，實際應用於解決製造商的問題。

如果機臺出現問題，而負責的技術人員不在工廠內或國外設備製造商，可以由 HoloLens 進行遠程即時的溝通與指導，雖無法解決重大的設備問題，但可以先做出基礎的故障排除，同時讓技術人員了解目前的狀況。這對新進機臺或是無經驗的

人員來說相當有利，特別是國外專家不再需要親自勞途奔波，只為了解決一個可能極小的問題。

2. 人員培訓（提高工人生產率）

　　AR 對於工業領域培訓新進員工，可能是最有價值的領域運用之一，為確保每個員工能正確了解製程和規範，避免可能因不熟悉或不確定導致的安全性問題，在具有危險操作的加工業中，顯得極為重要。除了保護新員工，也能避免資源的浪費和學習時間，因為 AR 能使工作指示、訊息持續顯示在他們眼前。又如當一個新的設備開始在工廠中投入使用時，幾乎所有的員工都未使用過該設備，若使用 AR 技術，該設備可以自動提供機器數據，協助員工正確安全的完成任務，並簡化人員轉移到不同任務的過程，並降低培訓成本。

　　GE Healthcare 的未來實驗室，引入 3D 列印、擴增實境、機器人、大數據及其他數位技術，協助公司遍布全球的 70 家工廠進行製程優化，讓人員提高效率。他們在擴增實境的應用，已有十年以上的經驗，一開始應用於指導人員不容犯錯的關鍵步驟，而後更結合了人臉辨識技術、機器人及協作機器人。GE 工廠的倉庫人員使用 AR 進行工作，比起標準流程速度提高約 46%，平均生產率也高出其他公司約 32%。

3. 質量提升

有製造商嘗試將 AR 應用於品質保證（QA）部門進行產品檢查，檢測人員戴上 AR 眼鏡，在工作視線內能看到欲檢測的產品項目及功能資訊，比起直接目視再對照工作表相對簡易。

以汽車品牌商保時捷（Porsche）來説，車檢團隊只能接受 0.5 至 0.8 毫米的面板誤差，使得檢測人員需更精準的看待所有零組件。保時捷在德國萊比錫（Leipzig）裝配廠的檢測人員，將欲檢測的零件或組件拍下照片，與供應商提供的擴增實境圖像疊加進行比較，透過虛實疊合，顯示不合規格的地方，使人員更直接識別問題所在。而所有即時識別資訊也能保存下來，未來最終目標則是讓攝影鏡頭直接與雲端資料庫連結，進行即時的比對分析。

» 利用 AR 擴增實境了解車內配備。

掃描 QR Code
觀看案例影片

4. 簡化物流

當倉儲人員接收到一筆新訂單時，必須檢視訂單訊息，找到正確的商品，接著揀貨、核對、包裝、記錄並送至物流部門，產生一連串耗時且枯燥的作業流程。當大量訂單蜂擁而至時，現場混亂的狀況可想而知。

DHL 快遞服務公司布署了最新的穿戴式 AR 眼鏡，此為 DHL 數位化策略的一部分，DHL 員工透過 AR 眼鏡與穿戴式裝置，毋須拿著訂單到處尋找貨品，便能直觀的看到每件貨品應放置的手推車位置，使其擁有準確且高效的揀貨流程。該公司早在 2015 年便開始在美國、歐洲和英國進行測試，並逐步推展到其他地區，目前在大多數的地區都採用了這項技術。

» DHL 透過 AR 眼鏡改善揀貨流程。

5. 遠端教學／協作

在工業製造上，需要使用特定的工業用機器，而企業在使用時往往會面臨一些狀況，譬如機器供應商如何快速解決客戶操作上的問題？或是當機器故障時，如何簡易地由客戶直接快速排除？

AR 遠端協作可以說是為了解決這些問題而生。試想我們平常溝通時，常常會對著機器比手畫腳，而利用 AR 遠端協作，只要操作機器者準備一臺平板或是手機，接著和機器供應商遠端視訊，就可以在機器操作者鏡頭拍攝到的地方，一邊透過語音，一邊用 AR 遠端協作。雙方像各拿著一隻粉筆一樣，圈選正在指導或是討論的位置，讓溝通變得快速順暢，訊息傳遞準確度與接受度也都會大幅提升。無論是客戶操作機器上有問題，或是需要遠端教育訓練，甚至是機器故障需要進行簡易排除，都可以利用 AR 遠端協作來完成。

AR 對工業製造上的幫助，除了節省人員交通的時間、費用，達到立即協助解決問題的好處外，在 2020 年新冠肺炎（COVID-19）的肆虐下，原廠更可以利用 AR 遠端帶來的便利，來解決各國關閉邊境的交通困境，同時解決供應方與使用方的難題。

▎工業製造的智慧未來

數位科技改變了工業製造的發展，全球工業無法固守傳統方式，為了增加競爭力，需跟著浪潮走入工業 4.0 時代。工業製造上的 AR 應用，在與機器人、人工智慧、大數據等數位科技的相互加乘，能夠帶來效益最大化。

前述提到的波音、GE、保時捷及 DHL 的實際案例，為 AR 能夠改善製造流程提出有利的證明。但同時我們也看到，目前多數導入擴增實境技術的公司，以大型企業集團為主，隨著擴增實境的進步與市場成熟，中小型企業能在沒有大型研究團隊組織的情況下，與 AR 技術公司策略合作，開始將擴增實境納入優化流程的考量。尤其在我們看到它為人員培訓及設備組裝維護的巨大潛力，以單一項目開始逐步推展至每個流程細節，才能使傳統工業製造擁有新發展。

2.3.4 智慧城市

一個城市的建設與居民的生活息息相關，涵蓋範圍廣泛，由整個城市的設計、工程建築到防災規劃都不容馬虎，小至一盞路燈、公園綠化，大至都市更新、民生用水用電，無一不影響大眾生活。如何井然有序地逐步完善，且不擾亂居民生活，同時產生良好社會效益，是非常重要的。

智慧城市議題一直持續被提出討論，不論是政府或企業皆具高度興趣與關注。雖然無法對智慧城市有明確的界定，其實最終目標就是為了改善城市居民生活品質，並以資訊科技或創新概念為核心，整合都市系統和服務，達成最佳的都市管理。

而擴增實境技術有助於智慧城市的實現。我們以導航服務來說明，在城市中行走，GoogleMaps 的使用已相當普遍，且可見人們的依賴程度。近期成熟的 AR 導航服務也逐漸被用戶喜愛，用戶啟動 AR 模式時，路線指示出現於現實場景中，用戶可以跟著指標行走，而不再是地圖上的藍點，這將有助於用戶準確辨別自己所處位置。此外，只需透過手機鏡頭掃描附近的建築，GoogleMaps 將會為用戶重新定位及路線指引，不會再有摸不清方向的困擾。

▎擴增實境於城市之應用層面

在整體城市建設，視覺化及數位化占有很重要的地位，透過 AR 技術導入預先看到未來城市或建築的樣貌，使得參與項目人員能清楚掌握事前規劃，面對工程人員的溝通及訓練也能更加順利，這樣的展現方式將不再需建置真實模型，因此，城市規劃中有越來越多的環節加入擴增實境技術。

英國倫敦最具指標建築的大笨鐘，每小時都會敲出一聲深沉的 E 音，小鐘每隔 15 分鐘發一次鈴聲，讓位在倫敦的每個人都能聽到它的聲音。然而大笨鐘自 2017 年開始維修，預計於 2021 年才會重新運行，將長達四年的沉寂。

倫敦在 2018 年聖誕前夕推出 AR 體驗，逼真呈現拆除外圍支架後，富有聖誕氛圍的大笨鐘樣貌，同時讓來到倫敦的遊客再次聽到熟悉的鐘聲，鐘面上也會顯示正確的時間。特別的是，體驗限制在距離實際大笨鐘位置 300 公尺以內才能觸發，雖受限於特定範圍，卻也彌補了遊客因維修大笨鐘而看不到的缺憾。

» 用 AR 還原大笨鐘。

上述的例子雖然不是 AR 應用於城市規劃的正式案例，但在城市體驗中有了新的詮釋，無論倫敦當地居民或遊客，相信都有不同的感受。以下我們來看 AR 為各個城市發展、政府施政及居民生活帶來了什麼樣改變。

1. 城市／建設規劃

在城市設計和規劃中，擴增實境帶來許多可能性，它不像應用於遊戲上那麼光鮮虛幻，更不需如應用在醫療上，每一細節皆慎重其事。

在都會區建造新建築或拆除更新建設，必定會影響周邊環境，像是交通流量的管制，AR 可以模擬每個時段交通狀況，來進行工程車輛的管控及交通疏導；對於建築施工，AR 幫助工程人員在設置水電、天然氣管線或汙水排放等錯綜複雜的管線前，能預視配置規劃，也幫助施工人員、居民與社區成員了解工程進度等。

此外，每項工程首重安全性，AR 可以事先觀察變化，對於基礎結構的潛在問題，人員能夠在動工前發現並進行排除，提升施工正確性，並將危險降到最低。

英國鐵路 Network Rail 擁有近 2400 座行人天橋，因應 Transport's Access for All（AfA）人人享有交通的計畫，自

2006 年來多興建 200 座行人天橋，希望創造從車站入口到月臺的無障礙路線，以改善鐵路使用率。為了向乘客優先呈現未來行人天橋的樣貌，首次使用 AR 技術，乘客透過 AR APP 便可看到目前規劃中的三種天橋 3D 模型，讓 Network Rail 與乘客有了新的互動。

　　AR 的應用將使乘客了解未來車站樣貌，這項新技術提供了從未有過的細節，除了讓乘客知道車站的變化外，新天橋的設計以最佳的方式展示出來，用戶將能真真實實在現有月臺上，看到已規劃或興建中的行人天橋。

掃描 QR Code
觀看案例影片

» 乘客可以用擴增實境 APP 了解 Network Rail 未來的樣貌。

2. 公眾參與

　　現今城市都在尋找最好的使用方式，將數據及數位內容變成現實，AR 眼鏡、行動裝置和硬體設備的逐漸成熟，Apple 和 Google 對於擴增實境的發展都有潛在共識，使得相容性越來越高，用戶能無縫使用，這對 AR 共同協作帶來契機。政府推動了具參與性的規劃，公眾意見能加入政府重要決策，像是每位居民都能了解新地鐵站的建設藍圖，而大多數居民都有自己的見解，AR 科技為共同參與提供了便利的媒介。

　　麻省理工學院（MIT）媒體實驗室透過與德國漢堡市合作，對 AR 進行了更廣泛的應用。2015 年，將近 2,100 萬難民逃離祖國，湧入歐洲尋求庇護，總共提出 120 萬份庇護申請，其中光是德國政府就占了 44.2 萬。這對德國聯邦和市政當局帶來了重大挑戰，他們採用了臨時方案，難民被安置在帳棚、倉庫或體育館。德國漢堡市就面臨了 80,000 名難民的安置問題，多數集中於特定某些社區，其他社區則幾乎沒有或根本沒有難民，有時會引發當地居民對難民安置的抗議。

　　2016 年，MIT 的城市科學研究項目「CityScope」平臺合作，主要目的是為了促進公眾參與和城市決策，該計畫命名為「Finding Places」。計畫中使用帶有光學標籤的樂高積木、演算法及擴增實境模擬，並將居民的個人經驗和當地知識，納

入對潛在安置地點的行政評估中。2016 年 5 月至 7 月間，約有 400 名居民參與，討論出 160 個地點，其中 44 個通過政府法律核可。整體看來，除了具有高度效益、居民與政府的協作性外，同時也提高了公眾的參與意識。

3. 災害管理

　　AR 訓練模擬幫助人們體驗洪水、火災等災難的威脅，也將虛擬疏散帶入現實環境中。在建築物內部或特定區域的災害疏散方向、通道是否有阻礙等進行設計，結合 GPS 幫助救災人員進行救援，或幫助受災戶撤離。當災害發生時，AR 顯示出建築物或公共場所的安全狀況，顯示高危險的位置，同時向警察、消防單位或救護車提供訊息。

　　當火災發生時，AR 如何協助消防員挽救更多生命？在過去，消防員使用手持式熱像儀進入火場搜救，火場內部漆黑一片、煙霧瀰漫，在伸手不見五指的情況下，使用上仍有侷限性。自從有了穿戴式擴增實境顯示器 C-Thru，可安裝在標準消防員面具內，即使在黑暗中，顯示器也能捕捉周圍環境，以電腦演算技術添加上綠色線條，便能清楚辨識建築牆壁、門片及地板上的物體等，有助於消防人員進行救援。

» 穿戴式擴增實境顯示器 C-Thru 即使在黑暗中，也能捕捉周圍環境。

4. 維護歷史建築和古蹟

　　街道上的老建築連結著城市的過去與現在，以及時間更迭帶來不同的風貌，AR 為歷史建築和古蹟帶來新的保存模式與價值的宣揚。美國波士頓最古老的建築之一── Old Corner Bookstore 興建於 1718 年，至今已有 300 多年的歷史，歷經了出版社、書店、珠寶店和比薩店，反映了波士頓千變萬化的歷史。為慶祝歷經三世紀的建築生日，運用 AR 展示了舊角落書店的過去，讓人們與這座歷史建築開始聯繫起來。

　　臺灣各個城市積極落實文化保存，期以文化歷史記憶連結

居民對城市的情感。除了對文化資產修復、老屋修繕等硬體設施保存外，更注重公眾參與的推動。

其中，高雄電影館便以「左營舊城」及「哈瑪星」兩地共十二個場域為目標，透過 AR 互動科技與 LBS，再現數位影像，再造歷史現場，讓大眾可以在導覽員解說或是自主導覽時的過程中，搭配行動裝置，快速認識場域的過往，讓地方文化價值被展現、被認同，也使兩地成為一個富有歷史、趣味休憩的最佳場域，進而形成一種文化保存運動，讓文化資產得以再生與傳承。

5. 城市 AR 擴增實境應用進程——場域智慧化

擴增實境技術及市場逐漸成熟，足以在智慧城市中發揮核心作用，透過各界合作、制訂策略，並利用人工智慧、大數據、物聯網和雲端技術等數位科技，加上 5G 的布建，AR 在戶外有好的發揮，仰賴行動網路的速度，克服了 AR 於場域的限制，有助於實現智慧城市的成功。

自此，每個場域不只被賦予一種功能，能融入多種形式。未來，我們到了棒球場，從停車開始或許就有不同的感受，透過 5G 整合了需多創新服務，像是智慧停車、3D 人臉辨識、球場座位視野即時預覽和 360 度選位、AR ／ VR 零售導覽等

應用科技，以球場為中心，向外延伸出整體場域智慧化。

　　未來已經來到，虛實科技改善了居民生活及參與方式，進入大眾的視野中，經由擴增實境的應用，打造大型場域活動、虛擬藝術表演，整個城市將在數位科技的支持下，發展出超乎想像的變動與創新。

PART 3

AR 品牌體驗行銷術

»打開「marq+」APP，掃描上面的圖片，觀看有趣的 AR 導讀內容。

3.1
數位科技帶動體驗經濟

　　數位時代帶動整體產業轉型，消費環境進入體驗經濟時代，提供消費者為主的生活相關產業，直接或間接都受到衝擊。《2019 全球消費者洞察報告》調查發現，由於數位科技的發展，消費者行為正在快速改變，企業不再只要關注投資報酬率（ROI），更需重視「客戶體驗報酬率」（ROX），這可以幫助企業了解客戶與品牌的互動方式，與公司在「客戶體驗」（CX）上的投資收益有關。

　　從這份來自 27 個國家、23,066 名消費者的研究報告中我們可以發現：

· 36% 的消費者每月在線上購物一次，25% 的消費者則每周一次，僅有 7% 從未使用過線上購物。

· 每周至少購物一次的消費者，其中有 24% 使用智慧型手機完成訂購，占比十年來首次超過 PC（23%）。

· 超過 51% 的消費者使用智慧型手機完成行動支付、轉帳，顯示了消費者認同並逐漸習慣數位科技。

· 在線上購物成長的同時，因為客戶體驗的投入，消費者進到實體店面購物並未減少，甚至達到了 49%，相較於前一年，成長約 5%。

現在消費者對於商品實用功能的重視，轉而傾向富含情感記憶的商品。決策行為也朝向理性與情感並重，因此，以往單純強調產品特性與品質的行銷手法，再也不能滿足消費者的需求。現在企業需懂得抓住消費者體驗與感受，以「體驗」為主，創造出觸動人心的溝通方式，為品牌說出更感人的故事，強化企業品牌價值。

像是星巴克便積極以數位科技提升顧客體驗，如行動 APP 加入各式行銷活動，包含抽獎、獲取優惠訊息，更可直接完成結帳；Nike 創建 NRC（Nike Run Club）社群化用戶體驗，並加入虛擬試穿戴的互動。

綜觀來說，全球消費者是相當願意接受數位科技的。

接著我們先針對體驗行銷進行定義。在美國哥倫比亞大學商學院教授品牌管理、廣告、國際行銷策略等課程，同時也是全球品牌中心的創辦人兼主任伯德·史密特（Bernd Schmitt）於 1999 年提出體驗式行銷的概念。史密特教授認為，若企業只單純強調「品牌的特性」與「能帶給消費者的利益」，將難以在眾多競爭對手中勝出，因此除了產品本身，企

業還必須提供顧客想要的體驗，才能在市場中脫穎而出。

　　體驗經濟是近期才提出的新行銷方式，與傳統的行銷方式不同，除了產品特性，企業還必須想辦法為顧客創造更多機會進行體驗，我們可以將之定義為「消費者經由觀察或參與某件事後，感受到刺激而引發動機，產生消費行為或思考的認同，增強產品價值」。故企業必須在考量感官、情感、思考、行動、關聯等感性與理性因素後，再重新定義、設計出一種有別於傳統的行銷方法。

▎以數位策略創造嶄新客戶體驗

　　一個成功的品牌，除了不斷精進自己、改善公司的產品與服務，還必須觀察市場趨勢，以滿足消費者不斷改變的需求。在體驗行銷盛行的情況下，各個企業又要如何因應發展，以此提升用戶們的體驗呢？接著我們來看看三個知名品牌的案例：

1. 產品應用場景的建立—— Nike「NRC」運動生態圈

　　在 2017 年美國指標性財經媒體《富比士》所發表的「全球最有價值的品牌」中，運動品牌 Nike 成為服飾類冠軍。Nike 的成功，除了持續發展創新、性能良好的產品，他們也積極善用社群，希望藉由這樣的行銷策略，拉近與消費者之間

的距離。

　　幾年前，Nike 顛覆了大眾對運動品牌的想法，除了運動產品、配件的銷售外，還建立了 Nike Run Club（NRC）APP，創造出一個運動生態圈。而社群化用戶跑步體驗，也讓「跑步」這件事變得不再孤獨，甚至對品牌忠誠度的提升，帶來了正面影響。

　　NRC APP 的建立，除了可以幫助用戶輕鬆記錄相關資訊（如：距離、地點、心律、配速、高度……）、獲得個人化指

» Nike NRC APP 所具備多樣功能。

導外，還能結合自訂 Apple Music 播放清單，甚至獲得頂尖運動員的鼓勵，達到激勵的效果。在社群方面，NRC 幫助用戶輕鬆與志同道合的朋友競逐，並可使用相片、統計資料等形式，和其他朋友進行分享。

Nike 從消費者的角度進行思考，打破傳統運動品牌的形式，靠著創新的體驗形式，滿足了消費者更全面的需求，也為品牌挖掘出全新的市場與商機。

2. 居家幸福感的營造—— IKEA 獨特的場景建立方式

「賣產品的同時也賣體驗」，瑞典知名家具品牌 IKEA 一直以來都積極發展體驗行銷，鼓勵消費者到 IKEA 體驗「我家未來的種種可能」。而此獨特的營運模式，也為 IKEA 在市場中取得一個其他競爭對手難以模仿的特殊定位。

透過特殊的布置與家具陳列方式，讓消費者直接以五感體會產品實際放在家中的感受，而不同場景的建立，也讓 IKEA 更容易與消費者產生共鳴與連結，提升購買的意願性。

除了實際賣場，IKEA 在購物型錄的設計上，也朝體驗行銷的方向進行。翻開型錄你會發現，IKEA 並非將產品分開來介紹型號與價錢，而是直接營造出一個真實場景，所以型錄中的家具並非整整齊齊擺放著，我們甚至可以看到模特兒躺在沙

發上看書，或是在場景裡走動，藉由呈現出一個「真實」的空間，讓消費者沉浸在場景裡，而不只是在看一本產品型錄。

除了上述兩種體驗行銷方式，IKEA 在其他許多小細節上也創造了獨特的體驗環境，包含讓消費者可以自行搭配產品、自行組裝服務、提供瑞典食物的餐廳等。藉由將消費情境與使用情境相結合，IKEA 不斷讓消費者在不知不覺中加強了他們的購買意願，最終讓消費者購買產品時所得到的效益，不再只是單單的產品功能而已。

» IKEA 紙本購物型錄。

3. 一杯咖啡給你最好的體驗——星巴克第三空間的建立

　　1971 年創立於美國西雅圖的星巴克，如今門市已遍布全球，不斷為消費者創造出一杯一杯高品質的咖啡。但是星巴克販賣的，絕對不單只是一杯咖啡，而是這家咖啡廳所擁有的獨特體驗，這也是他們一直以來都很重視的「第三空間」。

　　第三空間又被定義為獨立於住所與辦公室外的社會空間，星巴克希望藉由營造出這樣的環境，讓忙碌的人們可以適時在家庭與工作之間得到緩衝，最終發展出一種讓消費者的五感皆能得到放鬆的獨特體驗模式。

　　高品質的咖啡豆與沖泡方式，滿足了我們的味覺；不提供

» 星巴克門市營造出的第三空間。

味道過度強烈的食物，用濃郁的咖啡香刺激我們的嗅覺；獨特的店內裝潢與陳列方式，吸引著我們的視覺；店內每首精心挑選的獨特旋律，安撫我們的心靈；舒適的沙發及設備，也讓消費者更能在店裡放鬆。藉由五感全方位的需求滿足，為消費者帶來一種優雅、高水準的體驗，並且獲得極高的滿足感，甚至是歸屬感。

近年來隨著科技的發展，也讓星巴克意識到線上發展的重要性，並致力於發展出融合線上體驗與線下體驗的「第四空間」，以此在未來為消費者帶來更優質的體驗模式。

3.2
AR 改變品牌與消費者對話

　　在現今的生活中，「體驗」在我們的身邊無所不在，企業品牌可以透過體驗行銷，讓產品自己說故事，藉此引起消費者共鳴並激發消費欲望。為了提升顧客的體驗，許多產業紛紛導入新技術應用，以此協助企業轉型和升級，其中擴增實境（AR）、虛擬實境（VR）及混合實境（MR）技術，又是連結品牌與體驗的最佳考量技術之一，也是近年來最為熱門的趨勢之一。

　　AR 行銷既是一門科學，也是一門藝術，它可以透過數據研究人群，針對群眾發出特定訊息，達到傳播擴散的效果；它也可以站在使用者的立場出發，藉由設計出一套流程，並將特定訊息植入其中，讓訊息像藝術般對外呼籲、傳達理念，最終達成行銷目的。

　　AR 擴增實境可以改變消費者吸收、處理、觀看資訊的行為與習慣，為企業帶來更多的商機。近年來虛實科技的快速發展，也讓 AR 可應用的相關產業更加廣泛。

每個場域都能結合 AR 擴增實境。藉由設計出視覺化、互動性高的 AR 應用，有助於將品牌理念或商品訊息以最簡單的方式傳達給大眾，尤其是專業商品在傳遞訊息與創造記憶點時，相對於文化、觀光、娛樂及零售等大眾化訊息，傳遞更加困難，此時若結合 AR 技術，換個方式與顧客交流，結果就會不一樣了。

身處於網路世代的我們，往往在一天中會耗費大量時間，沉浸在虛擬世界接收各種訊息、娛樂、工作與社交，人們早已無法將虛擬與現實完整切割。在這樣的情況下，將 AR 技術融入行銷中，也更容易在行銷互動中拉近與消費者的連結，促進購買意願。

3.2.1 零售

從 2016 年開始興起的智慧零售浪潮，至今已橫掃大半個產業市場，所有零售產業都開始意識到，新的科技和應用正在改變整個零售產業服務流程。從 1.0 的線下交易、2.0 的電商時代、3.0 行動網路到 4.0 新零售，將線上線下通路進行無縫式的整合，進入全通路時代。

同時，消費者需求的轉變，千禧世代成為主要消費族群，其重視量身訂製的體驗和產品，IDC 預測，到了 2022 年，超

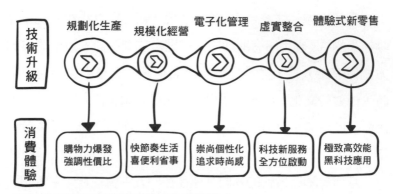

技術升級　規劃化生產　規模化經營　電子化管理　虛實整合　體驗式新零售

消費體驗　購物力爆發強調性價比　快節奏生活喜便利省事　崇尚個性化追求時尚感　科技新服務全方位啟動　極致高效能黑科技應用

» 科技升級及消費體驗影響零售商業模式。

過三分之二的產業，每六個月會針對市場需求做出量身訂製的體驗。隨著行動裝置及智慧化設備不斷升級與普及，零售品牌透過體驗情境的塑造，讓消費者真實接觸及感受，引導消費者完成整個購物旅程，蒐集更多使用者資訊，進行有效的數據分析，針對消費者購物數據的軌跡提供服務，完善並提升導購流程並帶動消費力度，現在打造獨特且優質的消費體驗是所有零售品牌需要深入思考的。

　　我們從上圖可以了解，技術不斷升級並與消費者需求交互影響，改變了零售產業的商業模式，擴增實境等數位科技的導入，整合虛實世界進行互動與溝通，讓購物行為更有科技感，成就了體驗式新零售。

　　零售研究公司 Interactions Consumer Experience Mar-

偏好與流行性

77% 的買家想要使用AR看到產品不同的樣式（如顏色的改變）

65% 的買家想要藉此瞭解更多產品的資訊

55% 的買家表示AR讓消費更有趣

» 零售研究公司 Interactions 在 2016 年的調查數據。

keting，在 2016 年零售調查中發現，77%的消費者希望透過 AR 看到產品特點，像是顏色或款式；65%的消費者希望透過 AR 來獲取產品資訊，55%的消費者則認為 AR 使購物變得有趣。而 Target、Lowe's 和 Amazon 等公司已開始使用擴增實境技術，利用 AR 盡可能消除虛擬與真實間的鴻溝，能有效地讓消費者了解商品，減少消費者退貨數量，協助零售商降低成本並提升整體營收。

於零售產業使用 AR 的好處

1. 吸引消費者互動及參與

零售產業在 AR 技術應用中受益匪淺，在實體店面能運用於店內導航和尋找商品，為購物中心、百貨公司等實體大型場

域，建置貨架配置和商品位置，讓消費者隨時透過行動裝置找到所需的商品，就像有個購物地圖一般，也能以擴增實境 APP 開啟鏡頭，進一步獲取商品訊息，包含它的評價、說明等，相當的方便，同時提高了客戶的參與度。

2. 創造個性化體驗

隨著新零售的興起，加上消費者購物習慣改變，現在許多線上品牌也開始布局實體店面，實體商店和線上商店漸漸已不是競爭對手，相反的，需轉變實體商店營運方式，成為提供獨特購物體驗的管道。

零售店面不再僅是以平面呈現資訊，透過螢幕立體呈現在現實之中，且更為豐富；線上銷售平臺結合 AR，讓消費者合成喜歡的商品，並配戴上屬於自己獨特風格的商品，別忘了人們都想要擁有其他人沒有的東西，且訂製商品一直是零售的趨勢之一，就像 Levi's 提供客製化刺繡在牛仔褲和夾克上，Nike 讓消費者訂製自己的運動鞋。

3. 提升客戶滿意度和降低客戶退貨率

AR 在商品應用能幫助線上購物時，第一次購物就擁有愉快經驗，更能帶來顧客的回流，以電商平臺來說，Shopify 作

» 購物網站商品以 3D 呈現在手機上，並且利用 AR 展示在現實環境。

為全球開店平臺，其推出的 Shopify AR 能夠讓消費者以 AR 來檢視商品，確切得知商品大小、比例及細節；賣家可以用 3D Warehouse APP 建立 3D 模型並串聯到自己的商店，根據 Shopify AR 的流程，讓消費者獲得 3D 商品的 AR 體驗，以更直觀的方式認識商品，減少消費者對產品的認知落差，進而降低退貨率、提升滿意度。

4. 創意內容行銷

　　AR 也可以是行銷策略的一環，結合創意互動呈現於社群媒體平臺上吸引目光，激起用戶興趣並達到擴散效果，Nike 結合 AR 技術，在洛杉磯好萊塢的 Foot Locker 透過掃描 AR

掃描 QR Code
觀看案例影片

» Lebron James 以 AR 出現在專賣店灌籃。

辨識圖來體驗，店內牆上的 Lebron James 會突然顯現出來，並扣上虛擬的籃框，這一 AR 體驗的影片，在 Twitter 就獲得了超過 125 萬的觀看次數。

▌AR 於零售產業的應用

Gartner 的資料顯示，到 2020 年，將有 1 億用戶在實體商店和線上通路中使用 AR 進行購物，零售品牌在製作品牌 AR 體驗時，應該完整考量消費者的認知、探索、選擇到購買甚至是售後服務、宣傳及再購買等過程，整段購物旅程可長可短，針對需求來進行設計。

目前 AR 已有許多用於零售領域的案例，品牌、商品眾多加上 AR 的呈現，結合出相當多樣的 AR 體驗。

1. 家居

家居零售品牌藉助了 AR 擴增實境的空間意識，幫助消費者依據家中空間找到最合適的家具，透過這項技術可在尚未購買前，清楚知道這個沙發或桌子在家裡擺設的樣子，由於該技術能準確地呈現尺寸、款式及顏色，選購時相當輕鬆，不需額外測量尺寸或努力想像顏色風格是否符合現在的空間，便能做出最佳的購買決策。許多家居品牌也正採用，為消費者提供最好的服務。

掃描 QR Code
觀看案例影片

» AR 家具展示。

2017 年，IKEA 便利用了蘋果公司的擴增實境開發工具 ARKit 開發出 IKEA Place，並在 2018 年採用 GoogleARCore 的套件，順利推出 Android 版本，IKEA Place 使用起來相當簡單，只要觸摸手機螢幕，就能將逼真的虛擬家具放到畫面中，家具縮小後的尺寸準確度達到 1mm，還可以拉近畫面，近距離觀看布料和顏色，目前約提供 2,200 個家具可供試用以及觀察大小，試用的家具以大型家具為主，像是沙發、咖啡桌、餐桌等等。

2. 彩妝

「試了再買」不再限於美妝的實體專櫃，單一彩妝品牌同時能提供給消費者嘗試的各種產品及顏色，加總起來真的繁不勝數，AR 技術的導入，將不再需要親自到門市試色，有助於消費者節省時間及獲取更好的搭配組合。

時尚產業中，常看到美妝品牌使用擴增實境技術，全球美妝企業萊雅集團《L'Oréal》於 2018 年併購了 AR 美妝軟體開發公司 Modiface，企圖用 AR 抓住美妝數位商機，同時顯現了未來的應用趨勢。

而另一方面的應用，許多消費者在購買新產品前，經常會在 YouTube 聽取網紅的使用經驗和建議，越來越多品牌也會

» AR 虛擬試妝。

與 YouTuber 合作，作為與目標客群的溝通管道，因此 Google 在 YouTuber 上推出 AR Beauty Try-On，讓用戶可以在 YouTube 觀看影片時，一邊嘗試 AR 彩妝，主要希望透過體驗進行全新的互動廣告，當你看到一位 YouTuber 在開箱特定品牌的最新彩妝品時，透過「虛擬試妝」的功能，讓用戶可以直接體驗這條口紅在自己臉上看起來的樣子。

與非互動式的廣告影片相比，AR Beauty Try-On 憑藉著 AI 和 AR 擴增實境技術，可以提供產品試用於不同膚色，讓消費者體驗更加逼真。

3. 時尚服飾

在美國有三分之一的消費者嘗試過 AR 應用，對實境科技

展現了相當程度的興趣，而如何吸引目標族群的目光及體驗，是品牌推展時需要認真思考的重點，如此才能達到品牌曝光的最大效益。

2018 年，西班牙服裝品牌 ZARA 推出 AR 體驗吸引年輕人來到實體店面，下載 ZARA 的擴增實境 APP，接著將手機鏡頭對準櫥窗或是包裝盒，原本空置的櫥窗，會出現真人走秀，讓消費者體驗當季流行的服飾，並能直接從 APP 購買，同時將有趣的照片透過社群與朋友分享。

2019 年，由於在北美每年有 50 萬人遇到買錯鞋子尺碼的困擾，隨時都有 60% 的人會穿著錯誤尺寸的鞋子，Nike 率先在美國推出測量消費者鞋碼的全新功能——Nike Fit，由於每個鞋款內部空間不一，可以透過 APP 讓透過網路購買的消

» AR 試鞋 。

費者更容易買到合適的鞋子。

　　透過國際品牌積極投入 AR 擴增實境技術的導入，ZARA 希望能夠以此吸引年輕消費者來到實體店面並購買，Nike 則為解決消費者的痛點，每個時尚品牌找到不同 AR 應用方式，為品牌創造更高的價值。

4. 廣告應用

　　做為市場行銷策略的一環，為每個宣傳所擬定的廣告內容，隨著新技術和觀眾需求不斷的變化，藉由各式媒體傳播出去，自一開始的印刷品、電影電視及網路，到現在因 AR 擴增實境科技興起，帶動的 AR 應用於廣告的潮流。自網路時代的來臨，企業對於報章雜誌及電視廣告投放，多轉至網路廣告 Google、Yahoo 及 Facebook、Instagram 等社群媒體，而擴增實境的加入，帶來了一種新的影響以及廣告更多元的融合及應用。

　　巴西漢堡王與廣告公司合作，推出的促銷活動「Burn That Ad」，透過漢堡王的擴增實境 APP，開啟手機鏡頭對上競爭對手的廣告，把對方的廣告給燒掉了，當然不是真的，只是手機螢幕呈現的 AR 效果，之後便能獲得優惠券前往漢堡王兌換免費的漢堡。

» 漢堡王用 AR 把競爭對手的廣告燒掉創造新話題。

　　透過神經科學針對 AR 及非 AR 用戶的大腦進行研究，發現 AR 能提高視覺注意力、引發「驚喜」反應，以及能儲存 AR 體驗約 70% 到大腦中。AR 廣告強調用戶沉浸體驗之中，情感連結及認同點創造是相對重要。而吸引消費者加入，最直接也最常見的方式便是正向激勵或獎勵機制，一旦有用戶開始，便能逐漸帶動效應，將有助於增加用戶積極參與，在品牌活動上獲得成功，並提升知名度。

5. 內部流程

　　除了面對消費者端的應用外，在零售產業中，倉儲及物流方面也能藉助 AR 來優化整體流程，對於零售品牌和物流公司

而言，利用 AR 的優勢將倉庫導航導入，訂單評估和員工包裝優化等，都是很好的應用方向。

　　能高效率的投遞包裹是亞馬遜持續精進的部分，近期他們公布了一項專利，主要用於提醒送貨員在送貨途中最佳的時間、路線及停車地點，相關資訊都將呈現於 AR 眼鏡上。在手機導航盛行的時代，為何需要這項技術呢？亞馬遜研究人員指出，經驗豐富的送貨員能夠提前了解導航系統的指示和訊息，但若有新的送貨員分配到同一路線，將無法有效率的理解相關訊息，致使配送需要花費更多時間，AR 配送系統的導入，將能解決此一問題。

» 擴增實境頭戴式顯示器上覆蓋有關投遞地點的訊息。

▍零售產業的 AR 未來

AR 正在重塑購物者體驗和與零售品牌互動的方式。全球市場對 VR 和 AR 零售到 2025 年將達到 16 億美元，未來零售品牌勢必採用實境科技。而內容一直是購物體驗的核心，零售品牌的推展不再限於傳統行銷媒介，可以透過不同的管道，整合線上線下優勢，在特定時間點創造 AR 互動，傳達講述自身品牌故事，以更有價值訊息來吸引消費者的目光、引起共鳴，進而建立信任與忠誠度。

根據 Zion Market Research 的研究，到 2021 年，全球 AR 市場預計將增長到 1,330 億美元。由於擴增實境在整個購物過程中，能夠有效使現實與虛擬相互加乘，不僅是娛樂和互動，並具有高度的實用性。

隨著手機硬體的功能增強，使得 AR 應用快速持續成長，因此市場上能看到 AR 互動數量持續增加，而由零售應用的角度來說，不侷限於 AR 產品目錄，如同前述的案例，可以進階到商品試用，消費者更精確的找到適合的商品；實體商店則帶來了豐富的個性購物體驗，激發購買力。

3.2.2 餐飲

當各個產業都在談論數位轉型，競爭激烈的餐飲業當然無法避免，從餐廳管理到消費者體驗各面向皆能以數位科技進行輔助，訂位、入店帶位、點餐及付款，再到會員計畫，為使餐廳具有競爭優勢，可利用數位科技蒐集客戶數據並加以分析，以最少的成本獲取新客戶或再次吸引客戶的前來。

目前已有許多餐廳使用自助點餐、行動支付、雲端會員系統及外送點餐系統等服務，根據 Market Force Information 進行的一項新的大規模消費者研究顯示，美國消費者至速食店（QSR）有 39% 的人預先使用手機 APP 訂購，與 2015 年的 11% 對比增長幅度相當大，此外，也有 28% 的人使用自助點餐機，27% 的人在座位上使用平板點餐。

市面上最早推出的 AR 整合餐飲服務可以算是 Google 推出的 GoogleLens 即時翻譯服務，GoogleLens 具備 AR 即時翻譯特點，讓用戶能掃描菜單時顯示即時翻譯，將店家的菜單翻譯成多國語言，覆蓋在原本菜單上，當餐廳迎接外國旅客時就可減少溝通上的落差，不過缺點是服務以支援 Android 系統的手機為主。

目前餐飲業由於人事、食材成本及營運費用的上升，大眾消費型態逐漸轉移至商場，導致 M 型化加速，另一方面，體

» GoogleLens 翻譯菜單文字，將翻譯內容疊合 AR 顯示出現。

驗經濟趨勢不容忽視，隨著擴增實境與虛擬實境技術提升能帶動體驗樂趣，地位等同店內裝潢，但最終對於品牌顧客的了解及品牌整合，仍是重要關鍵。

　　目前整合 AR 搭配環境氣氛營造與促進「餐飲服務」都逐漸帶給顧客許多便利，如搭配菜單、食材履歷、體驗情境、導購服務都能夠增添許多對消費者來說的實質誘因。

▌AR 於餐飲產業的應用

1. 互動式 3D 菜單

　　在一家餐廳，誘人的菜單及優質的服務是吸引顧客到來的主要因素，要滿足顧客的期待是具有挑戰性的，因此，無論何

時何地，點餐時若能看到實際尺寸內容的餐點，都比服務生口述來得清楚。

　　藉助 AR 技術的優勢，餐廳能創建逼真的 3D 餐點模型，顧客使用自己的手機或平板即能看到食物菜單，透過鏡頭，栩栩如生的餐點能顯示在消費者眼前，更能進一步了解餐點，如份量、內容物、營養成分或餐廳訊息等，在服務上，對於有食物過敏、糖尿病患者、宗教飲食文化或是有健康意識的顧客來說，帶來相當大的友善。

　　漢堡連鎖店 Bareburger 透過 AR 應用開啟 AR 菜單，顧客可使用 AR 功能即可查看虛擬菜單，並能透過旋轉模型，了

» 利用 AR 預覽餐點製作出來的樣貌。

解點選的餐點，由於這樣的改變，創造了與眾不同的體驗。另外，這樣也能協助訂購外賣的顧客獲取有用的資訊，而能快速簡單做出訂餐決定。

透過互動式 3D 菜單，餐廳業者可以延伸應用 AR 點餐系統。現今，百貨商場是大眾休閒的眾多選擇之一，每到用餐時間，美食街總是一位難求，一群好友家人總得要輪流點餐，面對數十間琳瑯滿目的餐廳，往往還要花上一段時間才能逛完。而 AR 點餐系統，即可為顧客和餐廳解決這項痛點，前面說到透過 AR 能看到實際的 3D 餐點，接著餐廳業者能加入訂餐及線上付款服務，再安排送餐人力，顧客僅需在座位等待餐點自

掃描 QR Code
觀看案例影片

» 利用 AR 機器人點餐。

動送上即可，從容優雅的享受美食。

2. 吸引消費者目光

　　AR 經常帶來「WOW」效果，故在餐廳行銷推廣活動擁有相當多的應用比重，例如為目標客群提供 AR 促銷遊戲，吸引更多顧客來到餐廳用餐；或是顧客用餐完畢可以透過 AR 獲得下次消費的優惠，加上優質的餐飲品質，爭取更多忠實顧客的來源。包括食品業在內的許多市場廣告都已有飽和狀況，過多的訊息，讓消費者獲得訊息碎片化，為讓其聚焦，加入 AR 互動方式，不失為一種提高關注度的方式。

掃描 QR Code
觀看案例影片

» 結合 AR 特效的星巴克飲料杯。

擴增實境是近年來星巴克經常使用的科技應用之一。最早在 2011 年聖誕節時，星巴克推出 Cup Magic AR APP，設計了 5 個角色使用在聖誕主題杯及商品上，約有 47 項商品都有 AR 效果，還可發送電子賀卡和優惠訊息給朋友。星巴克社群共享的思維，增加了消費者對品牌本身的認知。

　　2016 年阿里巴巴推出的一款 AR 遊戲，透過天貓及淘寶 APP 即可開啟，前往顯示的店家「捉貓貓」，拿取紅包優惠券，還可購買星巴克推出的雙 11 特飲，且有機會領取更多的星巴克好禮，不少顧客都享受其中。

　　接著在 2017 年與阿里巴巴合作的 AR 互動，在上海的星

» 天貓和星巴克合作在店內玩 AR 捉貓貓遊戲。

巴克典藏咖啡烘焙店（Starbucks Reserve Roastery）呈現，讓上海成為全球第一家在店內提供 AR 體驗的星巴克，而其他晚些開幕的分店也跟上 AR 體驗的腳步。

　　藉由阿里巴巴提供的識別軟體和 AR 技術，讓顧客善用 AR 技術體驗星巴克的第三空間。顧客可以在店內直接透過手機掃瞄特定 QR Code，以此蒐集虛擬徽章，同時學習「從一顆咖啡豆變成一杯咖啡」的歷程。

» 導入 AR 技術讓消費者了解咖啡製程。

3. 餐廳的娛樂潛力

　　AR 本身就具有娛樂的特性，為店內營造與以往截然不同的用餐氛圍。2019 年開幕的 Tyffonium Cafe，將 XR 實境科技融入咖啡廳，利用 AR 和 VR 增加店內特色、創造新話題。店內販售了冰淇淋聖代—— MagicParfait，在上餐前的等待時間，會先根據餐點給予不同的主題杯墊，以平板掃描杯墊，會出現主題角色在桌面四處活動；當冰淇淋聖代送來時，還會出現獨特的動畫，主題角色繞過真實的冰淇淋跳來跳去，MagicParfait 因擴增實境的濾鏡而變得更加夢幻，同時，顧客可以拍攝它們並傳送到自己的手機上，多數的顧客會上傳到社

» 冰淇淋聖代結合 AR 塑造另一種拍照打卡風潮。

群媒體，因而獲得許多回響。

　　除了冰淇淋聖代的創造 AR 新體驗外，店內還有 VR 塔羅牌算命的服務，消費者能運用 VR 裝置沉浸在抽選到的塔羅牌之中。店內也販售了巧克力禮盒，運用行動裝置瀏覽巧克力上的插圖時，會出現 Thank You、Happy Birthday 等 AR 訊息替你傳達心聲。

▌用餐 AR 聯繫情感

　　體驗行銷當道，餐飲品牌透過 AR 及其他科技加乘，使得用餐情境有了變化。日本一家餐廳業者觀察到：每逢特別節日

» 情人猶如與你面對面，即使身處不同空間也能無縫舉杯對飲。

時，那些孤身在外的遊子、分隔二地的戀人因為無法和家人朋友一起過節，故不會走進餐廳享受餐點，餐廳業者於是想出了應用 AR 科技，解決了這些人孤單過節的煩惱，能與家人朋友在節慶裡一起享受一頓美好餐點。

　　試想，在聖誕節時，原本已打算一個人在便利商店買個便當，獨自過一個沒有情人陪伴的聖誕節，卻收到來自餐廳的簡訊，邀請你在聖誕節當晚來餐廳用餐，當你走進餐廳包廂時，被安排坐在一面有著布簾的餐桌前。

　　此時，布簾緩緩打開，出現了一大片鏡子，而鏡子裡面，竟然出現住在另一座城市的男（女）朋友，原來你的男（女）

» AR 螢幕所呈現的濾鏡效果，留下美麗回憶。

朋友訂了「未來餐廳」的服務，並送給你一個意外的驚喜，這家「未來餐廳」運用了 AR 加入創新思維，並在餐廳不同城市的分店裡，都打造了一模一樣的包廂。

在這兩個幾乎一模一樣的空間裡，餐廳業者的服務做得非常細緻，不只是場地、裝潢讓人如同置身在同一個空間用餐，就連服務人員同步倒酒、拉小提琴的節奏時間，都掌握得恰到好處。

這面看似鏡子的大型螢幕，其實是一片鏡面型螢幕，並搭載了隱藏式紅外線攝影機來進行 AR 動作捕捉、追蹤、臉部辨識等技術設計，讓雙方能輕易在螢幕前互動，結合臉部辨識功能變身為聖誕老人，再透過手勢追蹤如魔法般變出虛擬聖誕禮物，或一起拍照留念等。置身在「未來餐廳」能與戀人毫無距離感地進行用餐互動，為美好的時刻留下難忘的回憶，以創新的體驗內容加上數位科技，能讓科技與我們沒有距離，以 AR 連結人與人溫暖的互動時刻。

▌巧克力旅程──送禮 AR 傳遞情意

巧克力經常是人們送禮的選擇之一，不論情人節或聖誕節都可以看到店家推出相關商品組合。一家臺灣職人巧克力品牌針對情人節與 AR 科技結合，建立了體驗旅程，由「Born of

Chocolates」、「Pick Flavors」再到「To Love」，透過巧克力的滋味，細細品嚐情感傳遞的味道與強度，一步步感受可可旅程。

其中「Born of Chocolates」將可可製程化繁為簡，透過六段互動即可了解巧克力製作流程；「Pick Flavors」則針對巧克力的口味詳細解說，每個口味都有其設計理念及背後意涵，可挑選與情人間的獨有口味組合；最後的「To Love」則是挑選 AR 情境卡片，與巧克力一起送到情人手中，扎實地傳

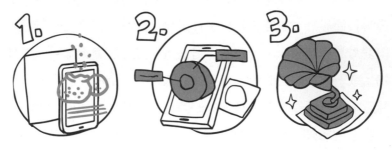

» 巧克力旅程 AR 體驗三步驟。

掃描 QR Code
觀看案例影片

遞情感，讓人與人更加貼近。

　　巧克力多元的氛圍以往只能用味覺傳達，而加入 AR 科技讓味覺與視覺相結合，以情人間情感傳遞的角度出發，將無法用言語表達的情感用 AR 呈現出來，讓心意的傳遞更加明確，且充滿新意，同時，巧克力與 AR 將社交氛圍透過科技展現出來，且能針對收禮人或送禮人再進行消費導購，達到虛實整合的新零售模式。

▌AR 提升餐飲品牌

　　不管是以互動式 3D 菜單提高顧客的參與度，或是以獨特的互動內容吸引目標顧客的目光，最終都須回到評估顧客體驗，針對顧客在 3D 菜單上的瀏覽、點擊及購買，收集顧客的偏好數據，隨時調整菜單內容，並根據對於促銷參與度進行調查，以匯集最有價值的顧客資訊，根據不同潛在顧客進行促銷和優惠推送。

　　消費升級趨勢下，新一代消費者（尤其是千禧世代）為餐飲行業帶來了更加多元化的需求，且人們傾向關注新事物，再加上餐飲市場呈現飽和，餐飲品牌需要爭取更多的市場時，會轉向探索新契機，擴大品牌顧客來源，以保持優勢，許多人們經常接觸到的餐飲服務類型，像是各式餐廳、速食店、咖啡館

及食品加工等，都接連導入擴增實境，提供顧客全新用餐體驗，透過新型態的科技服務，有效吸引消費者入店，從長遠來看，它將建立強大的客戶忠誠度，從而確保餐廳口碑。

3.2.3 觀光

　　科技旅遊熱潮持續延燒，觀光產業積極推動數位化及智慧化，透過軟體系統與物聯網技術的結合，旅宿業及旅行業推出了智慧數位體驗，旅客可以透過手機連結到住房系統操控房間內相關設備，也能使用客房服務及叫車服務，更有業者推出無人旅店，自入住到退房都不會需要服務人員，只要事先網路預訂付款，即可獲得鑰匙領取密碼，這樣一來有手機就可完成一次入住體驗。

　　智慧化將是未來旅館業的主流，位於日本長崎縣主題公園豪斯登堡內的機器人飯店 Henn-na Hotel（奇怪飯店），2015年率先引進機器人用於服務旅客，引起不小轟動，理想上似乎為勞動力短缺找到解方，但不到三年的光景，卻因從業人員需要為旅客解決機器人帶來的問題，反而工時被延長，產生額外的負擔，讓飯店不得不開始減少機器人的使用，留下娛樂性質較高的機器人。

　　以此案例來看，數位化是為了提供消費者更好的服務，企

業品牌必須發掘數位服務的價值，才能增進整體營運效率。

▌AR 於觀光產業的應用

擴增實境遊戲「Pokémon GO」成功將玩家從家中帶到街上或戶外「抓寶」，形成一股前所未有的熱潮，其「導流」的利基點，讓臺北 108 家 7-ELEVEN 門市成為贊助商補給站，透過這種合作方式來創造消費者的多元體驗，並帶動單店來客成長。因此，我們在觀光（旅遊）產業看到了機會，擴增實境與 LBS（基於定位的服務）技術結合確實能夠提供大眾更好的服務，為商業觀光導流達到效益的提升。

根據 Opera Mediaworks 的調查指出，66% 的旅客喜歡使用智慧型手機進行規劃及預訂，包含班機交通、住宿、景點及美食等。多數旅客會在旅行前做好計畫，即使到達目的地，仍會持續搜尋各項當地資訊，且大都在行動裝置上進行，AR 能增強旅客訊息獲取和互動體驗，對觀光產業業者來說，是能夠積極投入的數位科技。

1. 飯店住宿

現在許多飯店以 AR 建置詳細的住宿訊息、客房預覽等，且若能在入住前，以飯店為出發點看到周邊的地理環境，猶如

在入住飯店前就獲得服務，促使增加旅客預訂的意願。接著，入住酒店後，業者也能透過房內的互動牆面或桌上的 AR 手冊，向旅客介紹館內設施及周邊，不需移動位置，就可以知道游泳池、健身房、遊戲間及餐廳的樣貌，對於占地廣大的度假飯店還能進一步顯示設施狀況（開放中或維護中），或當前使用人數，使旅客不會白跑一趟，進而避免客訴發生。

我們想像一個未來的場景，飯店服務人員對於能夠即時掌握旅客，透過 AR 平板或眼鏡隨時讀取旅客被記錄於會員系統的長相、基本資訊及飲食喜好，而能提供最適切的服務，對於服務至上的高級飯店來說，不失為一種服務升級的方式。

2. 交通運輸

對旅客而言，預訂航班通常是出國旅遊的第一步，現在以 AR 科技讓他們更輕易的找到理想的航班，坐位距離登機門多遠、廁所的位置等透過 AR APP 能身歷其境的實際感受一番。

就機場營運層面來看，以優化旅客體驗為目標，生物識別、大數據、網路安全及擴增實境等技術，先後導入機場測試使用。AR 能協助旅客尋找登機口、免稅商店及餐廳位置等，英國倫敦的蓋特威克機場（Gatwick airport）便以 Beacon 加上 AR 技術，讓旅客用手機就能簡單獲得指引；而新加坡樟宜

機場為亞洲最繁忙機場之一，其藉助 AR 技術改善坡道處理及飛機地面服務，由於 AR 的介入指引提高行李處理效率，將裝貨時間縮短了約 15 分鐘，因而減少飛機的準備時間，不僅提高機組員效率，更縮減旅客等候時間和避免延誤班機。

日前，JR 九州與 NTT docomo 共同發布了合作協議，描繪出「未來觀光列車」的樣貌，以 AR 加上 5G 通訊技術，乘客能透過觸控和語音操作以「火車車窗」作為訊息顯示的介面，車窗能即時顯示觀光指南，有效地將當地文化、傳統手工藝品和特產等各種旅遊資訊傳達給乘客，振興列車沿線並創造社會價值。

» JR 九州與 NTT docomo 發布了合作協議，共同描繪出「未來觀光列車」的意象。

3. 景點導覽

　　隨著科技應用轉變，網路搜尋、KOL 意見或預定旅遊套裝行程取代了旅遊工具書，成為旅客取得資訊的主要來源。根據 Booking.com 的調查指出，未來旅客不僅更依賴科技替他們做各種決定，並希望旅遊品牌根據個人過去的旅行經驗，運用人工智慧或大數據等科技提供建議，且他們是信任其所推薦的項目；另外，在旅遊景點應用數位導覽，多數人認為這能帶來具個人化的內容，為旅程帶來豐富體驗和增添驚喜，透過網路、手機 APP 的探索功能，能讓他們在旅程中更加方便且即時，深化旅遊體驗。

　　探尋當地歷史文化一直是旅遊的一部分，新加坡當局以擴增實境技術為旅客導覽新加坡河和福康寧山（Fort Canning Hill），旅客以行動裝置 APP 掃描沿途建置 8 個特定標示，以 360 度的方式呈現 1819 年英國政治家史丹福・萊佛士（Stamford Raffles）簽署設立新港口條約、其與登陸時英國少將威廉・法誇爾（William Farquhar）模擬對話等史實現場，沉浸式巡禮讓用戶重訪了新加坡 200 年來重大的歷史事件、遇見歷史人物，讓旅客融入當地古今歷史。

4. 主題樂園

前華特迪士尼執行長鮑勃‧伊格爾（Bob Iger）強調迪士尼創造的是一種真實的體驗，在樂園裡不希望人們「假裝」進入一個空間或角色互動，因為 VR 所帶來的視覺感官，遠不及實際存在，因此，比起 VR，他更認同 AR 技術的應用，透過 AR 會讓人們更沉浸其中。伊格爾指出也可能與 Magic Leap 合作，希望 AR 眼鏡有一天能變得更輕巧、舒適。

深圳歡樂谷引進了擴增實境技術，玩家在各大景區遊玩時，戴上 AR 眼鏡後會偵測遊客目前所在的位置，並出現對應的 AR 體驗，樂園裡有各式 AR 主題區，結合了第五人格、新

» 深圳歡樂谷遊樂園中，AR 眼鏡看到的畫面。

倩女幽魂、魔域三大火紅 IP，比如說在潮玩校園區會有貞子、無頭男；西部世界則會出現電鋸殺人魔、骷髏等等。其中最有特色的就是「AR 孤兒院怪談」和「AR 新倩女幽魂」，在「AR 孤兒院怪談」中，設定了離奇事件關卡，玩家必須親自解開故事的謎底，而在「AR 新倩女幽魂」則是還原了電影場景，無論是在真實世界中，還是 AR 眼鏡中的虛擬世界，暗藏了各種特殊機關，虛實交錯產生真假混合的第三世界。此外，每一區還會有 Coser（角色扮演者），真實與虛擬混合的遊樂園體驗，帶給玩家不一樣的刺激感，也舉辦了大型電音盛宴「真人＋ AR」幻像潮音祭，打造一個舞臺、兩個世界的概念。

掃描 QR Code
觀看案例影片

» 高雄義大世界 AR 鬼船。

遊樂園與 AR 擴增實境結合，為現有的空間創造新的場景，遊樂園可以利用 AR 眼鏡，或是使用手機來進行 AR 體驗設計，為園區延伸出不同的新場景，再搭配上真實主題情境轉換，來實現整合的全新互動場景；另外，一陳不變的模式會讓遊客失去興趣，若結合 AR 推出限定活動，提供遊客再次來訪的誘因，也能吸引新旅客的目光，創造新的商機。

　　在臺灣有遊樂園結合 AR 來升級設施的例子，位於高雄的義大世界將原本鬼屋體驗升級成「AR 鬼船」，利用特定手機軟體在登船口掃描 QRCode 登船後，手機將搖身一變成為「雷達探測器」，遊客可以帶著探測器進入船內，沿途會接到幽靈公爵的來電，經過不同的船艙時，也會發現船上許多過去不為人知的故事。

　　而遊樂園腹地廣大，各式設施遍布全區，在引導服務旅客方面也需加入思考，現在整合 LBS 及 AR 可以讓遊客自行定位所在的位置，以簡單直覺的方式，知道不同設施的方向，不至於在遊樂園裡面迷失方向，還能發送遊客所處區域適合的訊息和最新消息、顯示設施排隊人數或是引導旅客到達人潮冷區。

5. 即刻探索

　　對於一般人而言，受限假期長短、預算、季節等現實考量，看到喜歡的旅遊景點無法隨心而行，現在，虛擬實境與擴增實境都會是一個很棒的選擇。VR 旅行可以舒服地躺在家裡的沙發上，在虛擬的地球世界裡遨遊不同地區，可以登上高山、飛越大峽谷，穿越都市、漫步在東京的街頭，或是在艾菲爾鐵塔周圍散步，走進陌生的巷弄裡，置身於城市與風景區之中，甚至探索可能你這輩子都未曾想過要去的地方。

　　而 AR 則能將景點搬到眼前，用戶只要有網路及手機，就能暢玩一番。象徵著美國自由民主的自由女神像被列為到美國紐約必訪的景點之一，許多人未能親臨紐約港一探女神風采，現在用戶隨時可使用擴增實境 APP，以 AR 視覺體驗自由女神自 1865 年在法國的起源到 2019 年 5 月新的自由女神像博物館開幕的這 150 年歷史。

　　自 1916 年起火炬觀景臺不再開放後，參觀者已經無法從高視角俯瞰紐約，現在無論身在何處，都可以從自由女神像的火炬中體驗自由島和廣闊的紐約港的壯麗景色，隨著太陽升起和降落，觀看紐約市的天際線。也能直接看到自由女神像的工程奇蹟和全球象徵，運用最精準的雕像 3D 模型互動，了解時間的推移下，如何將她從銅光澤轉變為現在具指標性的銅綠

色，更能觀看撐起整座雕像的鐵塔構造。更可以直接把自由女神像放在自己的家中，縮放她的大小，仔細探究並一同拍照。

親臨現場的旅客，能搭配語音導覽，了解自由女神的歷史關鍵時刻，徒步於自由島時，互動語音也能為旅客導覽 35 個景點。

» 擴增實境解構自由女神像的工程奇蹟。

▎AR 對觀光產業的重要性

總體來看，AR 能降低時空的限制，可以把故事對象和經驗放到真實的世界裡，並呈現在任何地方，讓觀光產業不再受限於「當下」及「當地」，全球各地的旅客皆能以輕鬆簡單的方式深入探索一處景點或歷史古蹟。

另外，AR 虛擬影像能提供更詳盡的資訊，不會受限於任何版面與篇幅，且訊息的呈現方式也非常多元，使用戶可以獲得非常豐富與詳細的景點訊息，對於所到之處的景點或景物更為了解，因而獲得富有深度的旅程，未來當旅客遊覽充滿亮點的城市時，不再錯過任一迷人的地方。

擴增實境更打破傳統旅遊業的思維，旅客能以即時真實的方式取得內容、擁有新旅遊體驗、降低語言障礙和增加便利性等，為旅客帶來獨特感受；也改變了觀光產業的商業模式，帶來廣告和行銷模式的創新，進而刺激著整體產業轉型，旅遊各地變得隨心所欲。

3.2.4 藝術展演

隨著科技與技術的發展，不可避免的為藝術領域帶來影響與衝擊，藝術家不再以傳統的創作思維呈現作品，對於科技為藝術提供的創作媒材越來越多元，藝術表現也較過往增強且獨

特，目前經常可見互動裝置、電腦運算、機械動力、虛擬實境和擴增實境等科技被藝術家所使用，在實際展演中呈現出跨越時空、虛擬、形象、概念與互動，使得藝術分野更加模糊但也更豐富，甚至透過網路與整個社會產生連結。

　　虛擬與真實融合交疊、情境的營造與感官的刺激，將觀賞者帶入另一個世界，沉浸於創作猶如進到藝術品之中，除了引發想像、滿足感官體驗，也了解藝術創作脈絡，藝術家與觀賞者進行深度溝通及訊息交換，更重塑觀賞者體驗藝術的方式。簡而言之，科技為藝術提供新媒材，藝術為科技帶來真實存在，相互交乘而無限延伸至整個大眾生活中，藝術不再獨立於美術館之中。

　　此外，博物館或美術館的文物及展品種類繁多，不論是從文化藝術或學術研究的角度來看皆具有高度價值，近年數位館藏的議題持續探討，資訊科技的蓬勃成為文物展品保存的新利器，完整的保存紀錄，使得文物維護及學術研究更為系統化、科學化；而在文物展出方面，更毋須冒著損壞的風險及巨大的成本，運送到其他國家地區展出，透過數位科技，讓借展或策展變得容易且靈活。

▌AR 科技造就生活藝術體驗

　　人們不再只有走進畫廊或美術館才能接觸到藝術，透過 AR 服務，美術館或博物館隨時隨地都可成為大眾與藝術的溝通橋梁，你可能在家、走在街上就能體驗，藝術融入生活就是如此吧！

　　Google 公司所開發的「Arts & Culture」與超過 1,200 間來自 70 個國家／地區的博物館、藝廊和機構共同合作，將整個美術館帶進了手機，讓所有人都能在線上瀏覽來自全世界的館藏。我們在其中可以看到 AR 應用，分別為「Art Projector」及「Art Selfie」。

　　「Art Projector」將畫作以實際大小呈現在你的眼前，一開始將相機對準地板轉圈，感應欲放置藝術品的位置，接著選擇藝術品，就可以將一幅名畫放置在臥室一樣，或掛在客廳，所有畫作皆有很高的解析度，能自由放大細細欣賞每個細節。

　　「Art Selfie」以讓用戶在名畫找自己為題，用戶自拍一張照片後，系統便開始搜尋 GoogleArts & Culture 內相似度高的藝術作品，依照不同的百分比，會顯示數張不同風格及時代的肖像畫，能詳細的觀賞畫作並欣賞每一個作品，產生有趣的 AR 互動。

　　紐約曼哈頓的新當代藝術博物館（New Museum）則與

Apple 公司合作，邀請七位當代藝術家一同參與對大眾開放的體驗計畫，包含了「[AR]T 漫步」、「[AR]T 實驗室」及「店內體驗 [AR]T」。「[AR]T 漫步」帶領參與者走過舊金山、紐約、倫敦、巴黎、香港和東京的代表性地點，欣賞世界知名藝術家的作品，藝術家們使用 AR，重新構想或表達其藝術實務核心主題的新方法。

　　「[AR]T 實驗室」則是在 Apple 直營店開設免付費的 Today at Apple 課程，讓參與者親身體驗藝術家的創作，且任何人都可在 [AR]t 實驗室中學習製作自己的 AR 體驗。Apple 直營店內的 [AR]T 讓用戶可進入全球任何一家 Apple 直營店，體驗藝術家的 AR 作品。使用 Apple Store app 中的 [AR]T 檢視器，啟動互動裝置，帶領觀眾進入 Apple 直營店一段觀賞藝術的旅程。

▌AR 於藝術展演的應用

1. 純藝術

　　每個人都擁有智慧型手機，過去進到美術館你可能無法使用手機或相機拍照，但現在或許策展方會邀請觀展者拿出手機，開啟鏡頭，去探索藝術品中額外加入的聲音、動畫特效

和 3D 互動等元素，讓藝術創作從單一的視覺，提升至多重層次的展現，如此的突破，我們看到 AR 技術為藝術帶來全新體驗，而博物館及美術館將成為集結教育與娛樂的場域。

目前有許多藝術家紛紛在畫作上疊加 AR 效果，來轉換融合成高質量的數位藝術創作，數位藝術家 Adrien Mondot 和 Claire Bardainne 以 AR 思考了創作藝術的可能性，在 2017 年法國的 ScèneNationaleAlbi 展覽就曾結合雕塑、素描和 AR 三種複合媒材，使毫無生氣的石頭、畫作與動態虛擬元素，緊密地構築出完美視覺饗宴。

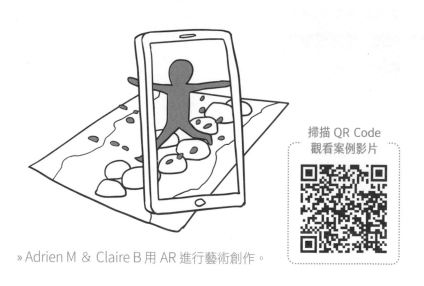

掃描 QR Code
觀看案例影片

» Adrien M & Claire B 用 AR 進行藝術創作。

2. 公共藝術

隨著社會經濟水準提高及城市化的發展，使得公共空間藝術呈現逐漸被重視，藝術品從博物館中走出來，進到公眾生活空間。波士頓的 Rose Fitzgerald Kennedy Greenway 有美麗的花園、長廊、廣場和噴泉，這些景點經歷多個街區，從唐人街一直到波士頓北邊。由於 Greenway 管理協會和波士頓數位藝術（Boston Cyberarts）合作，策畫了 2019 年公共藝術展：汽車展，是目前北美最大的 AR 裝置藝術之一。

使用擴增實境 APP，遊客走訪 Greenway 時，沿路會經過 16 個立方體標示，每個立方體為遊客提供解鎖隱藏在路徑

掃描 QR Code
觀看案例影片

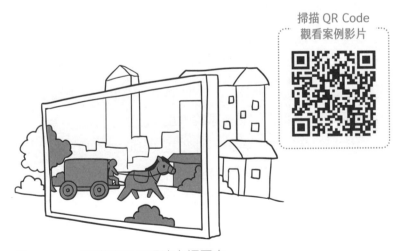

» Greenway AR 藝術展呈現波士頓歷史。

中的 AR 體驗説明，而每個 AR 互動都是獨特的。這場公共藝術展覽透過 AR 講述著 Greenway 一個多世紀以來，不同時期交通方式、城市建築的重新規劃和現代工程的發展和改變，以捕捉城市不斷轉變的面貌作為互動素材，1.5 英里的藝術項目將波士頓的歷史、Greenway 路上碧綠青翠的綠色植物和 AR 技術融合，展現了公共性、藝術性及在地性，顛覆過往藝術思維，帶來令人驚嘆的沉浸式體驗。

3. 街頭藝術

　　街頭藝術家往往以街道作為畫廊，偏好直接以非正規的方式與公眾交流，作品經常引入社會議題，有時帶有挑釁、質疑及批判時下的意涵，藉由獨特的創作吸引公眾關注，與純藝術的呈現大相逕庭，使用的媒材多以噴漆進行創作，色彩鮮明且用色大膽。邁阿密溫伍德（Wynwood）以眾多彩色壁畫而聞名，展示世界知名街頭藝術家的大型作品。

　　街頭藝術家愛德華多・科布拉（Eduardo Kobra）在此有一系列的創作與擴增實境結合，像是一幅命名為 Salvador Dali 的人物畫作，Dali 臉上充滿著彩虹格紋圖案，但以螢幕觀看，彩虹方塊被吹走了，顯露出的是底層的黑白格色，一隻紫色蝴蝶翩翩飛來，停在 Dali 臉頰上，路人遊客透過手機觀看

» Eduardo Kobra 在邁阿密的 Alt Salvador Dali 壁畫。

到的是栩栩如生而充滿活力的創作，而不再是靜止不動的。

4. 表演藝術

　　AR 技術近年來被廣泛運用在音樂影視產業，包含活動前的宣傳、表演期間的新型態體驗、與活動後與觀眾的互動方式，藉由這樣的呈現方式為觀眾們帶來最佳的體驗模式。2019 年獲葛萊美獎提名的美國饒舌歌手 Snoop Dogg，最新專輯作品「I Wanna Thank Me」以 Snapchat 作為 AR 呈現的媒介，樂迷掃描封面 Snapcode 即可看到 Snoop Dogg 現身發表的一段感言。

而身為臺灣古典音樂的代表聲音之一，三十年來，國家交響樂團（NSO）追求的是永無止境、精緻深刻的優質演奏，致力提升聽眾朋友難忘的聽覺經歷與愛樂環境，故在發行「國家交響樂團 NSO —— 30 樂季手冊」時，運用了 AR 技術，在 NSO 30 樂季手冊裡暗藏了「聲音密碼」，只要使用特定的 APP 掃描手冊內標記著「眼睛」或「耳朵」的圖像頁面，音樂家或珍貴的歷史錄音，就會馬上出現在你的眼前。

　　在 BBMAs（Billboard Music Award）2019 音樂頒獎典禮上，流行天后瑪丹娜（Madonna）演唱了歌曲《Medellín》，並且結合 AR 技術，與四個瑪丹娜分身（這些分身的身分分別

» NSO —— 30 樂季手冊融合 AR 體驗。

是音樂家、新娘、特工與 cha-cha 老師）同臺共舞，藉由這樣的手法傳達出瑪丹娜人生中經歷的各階段傳奇故事，也為整個演唱會帶來良好的舞臺效果。

　　而 2019 年俄羅斯的音樂節 New Wave 也運用了 AR 的技術，以此改變了建築物的外觀，並加入其他虛擬的事物，包含動畫人物、廢墟、毀壞的圓頂、飛鷹、扭曲的建築物等，為觀眾帶來更多的感動與震撼。

　　不過，不管是瑪丹娜的四位 AR 分身，還是俄羅斯的音樂節 New Wave 皆不是以全息投影技術呈現，所以觀眾必須透過現場的大螢幕或手機觀看呈現的效果。

» 瑪丹娜同時與四位 AR 分身同臺共舞。

掃描 QR Code
觀看案例影片

» 俄羅斯音樂節 New Wave 的擴增實境舞臺效果。

▎藝術展覽與 AR 的結合

　　擴增實境與藝術融合有人稱之為「ARt」，似乎就像相輔相成共存一樣，科技與技術作為藝術表達的形式是目前正在進行且必然的趨勢，人類對於新科技與藝術都有著崇敬的情感，因此他們之間共同呈現會備受重視，是不難理解的。又 AR 技術的開放與成熟，協作過程的逐漸簡化，「ARt」在各大城市

的藝術展覽、時尚活動都開始大量運用，改變各界對於藝術、文化的接觸。

　　現在，對於博物館興趣盎然的人越來越少，該如何吸引人們走進文化藝術，成為全世界博物館持續探討的議題，或許「ARt」有一種魔力，讓難以理解的藝術品，透過視覺化、互動和情境感知聚集目光焦點，或是主動讓人們到街上探索隱藏在城市一隅的創作，擴增實境技術在藝術領域的結合能夠成功，取決於體驗能夠引起人們對於所處的世界產生興趣，將個人與一個創作連結，由被動成為主動。

PART 4

AR 體驗設計方法

»打開「marq+」APP，掃描上面的圖片，
觀看有趣的 AR 導讀內容。

曾經執導《決戰猩球》的美國導演提姆波頓（Timothy Walter Burton），在 2003 年推出改編自小說的電影《大智若魚》，是一部講述把「假」放在「真」上，讓真的故事變得更精彩。故事是這樣的：

　　愛德華年輕時曾經環遊世界，一路上遇到許多冒險故事；往後歸來後，逢人便喜歡喋喋不休地講述這段充滿光怪陸離事件的奇幻旅程。然而，愛德華的兒子威爾從小不以為然，認為父親只是編造一堆故事，目的是為了「唬」人，於是與父親漸行漸遠。威爾長大後，成為一名追求「真實」的新聞記者，更想知道父親講的那些故事裡，到底哪些是真實的、哪些是虛假的？不久後父親過世了，而在父親葬禮上，他口中曾經述說過的奇幻人物，卻一個個現身。

　　此時威爾才明白，原來，父親口中的光怪陸離是真實的，奇幻旅程也是真實的，父親只是添加了一些想像力，讓故事變得更精彩、更吸引人。

　　雖然 AR 的運作原理是把虛擬物件疊加在現實世界裡，但它所呈現的核心仍然是真實的。當創意遇上 AR 科技，就像《大智若魚》裡的愛德華一樣，只要用科技添加一點點想像力，就能夠讓真實世界中想傳達的理念更有魅力、更吸引大眾關注。

很多人有很棒的構想,想要導入 AR 擴增實境,或是利用它來解決問題時,卻往往不知道怎麼開始,因此,本章節希望無論是將 AR 應用在哪些層面,都可以讓你依照這裡的步驟與方法,確保從規劃到完成的內容,都能符合自己的期待,說出一段好故事。

　　除了提供你有效的流程方法之外,也將以實際的例子讓你更好理解,這些步驟都很重要,千萬不要跳過它們,雖然不敢保證按照流程一定能夠拿滿分,因為實際的專案成效關係可能包含到提案創意、文案、UX 設計、視覺設計、2D 與 3D 動畫、行銷、宣傳等非常多的環節,要完成一件很棒的事,勢必需要團隊的配合,不過按照我們多年實務運行的經驗,可以肯定的是,按照流程走絕對會降低非常多專案失敗的機率。

4.1
釐清專案背景與目的

　　如何衡量專案是否成功？第一步要全盤了解目前的狀況，定義清楚目前的問題，當了解目前面臨的問題，才能確保接下來規劃的所有內容，可以專注在解決並改善這個問題點上，並且在專案完成後，能夠判斷執行的狀況是否達成功效。

　　本節使用的這個模型，它的好用之處在於它不光只適用於 AR 的案子上，你還可以用這個模型，套用在你的任何專案或任何計畫上。在提案過程中，常常需要定義專案的目標受眾、定義要做的工作項目、以及定義專案的目標，但有時候彼此並不是那麼相關，你可以試著用這個簡單的模型把它們都串連起來，清楚地來定義你的問題：

　　我們希望讓「誰」，能夠「做到什麼樣的事情」，以確保「達成他們的目標」。

現在，假設我們的背景是一間策展公司，現在要規劃一個多位藝術家替一個主題創作的展覽，目標是打算增加展覽的吸引力，並且創造一些獨特的體驗，因此決定導入 AR 元素進入展覽設計中，利用上面的模型，可以清楚的呈現出專案的計畫背景。

實戰演練

　　我們希望讓「參觀展覽的人」，能夠「逛完每一個獨特的展覽房間」，以確保「觀賞者擁有完整且特別的觀展體驗」。

4.2
添加魅力因子

　　除了理解 AR 技術、AR 硬體、AR 趨勢等外在因素，並厚實自身技術水平以外，如果要讓技術真正的活起來，還需要為作品注入靈魂和能夠產生共鳴的創意之心，如此一來才能讓 AR 完美融入作品中，營造真實與虛擬穿梭自由的體驗場景。而當你用「說故事的角度」和使用者溝通時，比起你強調「技術」，說故事更具說服力。

　　「人們會忘記你說過的話，忘記你做過的事，但永遠不會忘記你曾帶給他們的感受。」

──美國知名作家 Maya Angelou

　　既然「感受」如此的重要，在清楚專案目標後，現在需要把一些關鍵的資訊彙整起來，並且添加一些魅力因子進去，替體驗創造獨特的印象，給予人們難忘的記憶點。

　　東京理工大學教授狩野紀昭（Noriaki Kano）在 1984 年發表著名的狩野模型（Kano model，本書將以 Kano 模型稱

呼），大致上在講述產品體驗的必要條件品質只要達到基本門檻即可，再持續提升顧客也沒有感覺，然而，要創造顧客意想不到的「魅力品質」，才能大幅提高顧客滿意度。

AR 擴增實境可以幫助你替人們留下獨特記憶、並提高魅力品質，進而提高顧客滿意度。不過在整合 AR 擴增實境之前，必須先思考：「人們看到什麼會感到驚喜與滿足？人們看到什麼會有共鳴？」這會決定要完成的任務。

你可以先把這些你認為感到有魅力的關鍵字記錄下來，記得一件事，最好越多人一起動腦思考這個問題越好，每個人對驚喜的感受都不同，你們可能會同時寫下同樣的關鍵字，當關

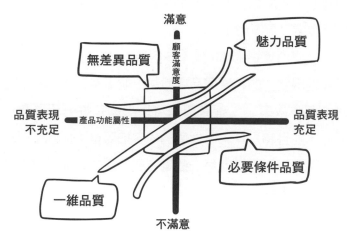

» Noriaki Kano 提出的 Kano 模型。

鍵字重複出現越多次，那麼它會是越多人所期望看到的效果。

　　這些關鍵字可能會是：闖關、祕寶、限定、探險、藝術感、前衛、抽籤、輕鬆、簡易、能量、超能力，也可能是：童年、校園回憶、親情、友情等這類有共鳴的內容，這取決於你的目標對象，我們需要利用這些文字來結合 AR，組合出專屬於你專案的魅力因子。

 實戰演練

　　繼續上一節的例子：

　　團隊討論出的關鍵魅力因子是「限定」、「藝術家現身」、「紀念價值」，將這些關鍵彙整之後，專案的目標變得又更清楚了：

　　我們希望透過 AR 讓「參觀展覽的人」，能夠觀賞「展場限定」的特殊展品或體驗，並「看到藝術家現身講述創作故事」，確保觀眾可以「逛完每一個展覽房間」，並且和「具紀念價值的內容拍照留下紀念」，以確保觀眾可以「逛完每一個獨特展覽房間」並「擁有滿意的觀展體驗」。

4.3
將體驗融合 AR

　　現在最重要的事情來了，當決定要呈現的內容之後，要怎麼知道如何將 AR 與這些有趣的魅力因子整合，並且呈現給觀眾，讓他們難忘呢？

　　事實上，現今的 AR 技術呈現方式如第一章所提到，大致可分為 AR 平臺與客製 APP、社群媒體、AR 眼鏡、Web AR 四大塊，但是，每一種媒介可以呈現的 AR 視覺特效、精緻度、啟動便利性、傳播便利性等等都不盡相同，使用的美術素材也不一樣，3D、2D、靜態、動態、檔案格式等等相容性都有細微的差異。

　　聽起來稍微有點複雜，選擇 AR 媒介的方法除了可以參考「1.4 AR 的媒介與表現方式」來考慮該使用什麼方式和使用者溝通之外，也可以詢問專業的 AR 團隊。在美術素材的部分先不必太深入特別各個了解，這部分只要在實際製作時，交給專業的 AR 團隊說明該準備什麼樣的素材、符合規格即可，若自己沒有美術團隊也沒關係，大部分的 AR 團隊都有包含美術製

作的服務。

　　另外，呈現 AR 時若燈光過暗、圖片線條太單調、對比過低、周圍環境過於單純、反光、訊號不良，都有可能導致無法識別、無法啟動你的 AR 觸發媒介，這部分在提案時也務必和你的 AR 服務團隊事先溝通過，了解他們提供的 AR 有沒有什麼限制，讓彼此對現場體驗的環境有共識。

　　在這個階段，最需要做的是利用 AR 的手法來發揮「想像力」，我們必須思考使用者要用什麼方式來觸發體驗，觸發 AR 體驗有非常多的方法，你可以從圖片、物體、平面、人臉、特定地點啟動，你可以盤整手上有哪些資源，例如：手冊、海報、展板、畫作、飲料罐、桌面、店家門口、空地等等，利用手上有的資源來整合 AR 呈現的效果，進而達成專案目標。

　　以圖片啟動 AR 是最受歡迎的一種觸發方式，原因在於它可以和你的品牌 logo、宣傳物、展板、手冊、立牌、明信片、書本、畫作等等任何輸出物做「連結」，你可以從這張觸發的圖片中，設計延伸的擴增實境內容，強調 AR 與品牌體驗的連結性。

　　以物體啟動 AR 的方式，是利用系統識別出立體物件的特徵，再去延伸出對應空間的 AR 內容。最常見的是和飲料罐結

» 以圖片觸發 AR 的效果。

» 以物體觸發 AR 的效果。

合，可口可樂和星巴克都曾使用過這種方式來行銷自家品牌，與消費者溝通。

平面啟動 AR 是透過 SLAM 的定位技術，將虛擬物件定位在真實環境中，它的啟動方式是使用者先用裝置掃視周圍平面的特徵點，當機器認出平面後，就可以把你的虛擬物件，比方說角色、家具、產品等等，放置在真實環境中。

利用人臉觸發 AR 和利用圖片啟動 AR 一樣，是目前較成熟的辨識技術，透過系統識別出臉部的特徵，如眉毛、嘴巴、鼻子等等，再將 AR 效果疊在臉上，有些平臺上還可以結合張嘴、嘟嘴、眨眼等互動，此類用途最常配上各種 kuso 的裝扮

» 以平面定位觸發 AR 效果。

或讓使用者 cosplay 扮演虛擬角色。

　　現實世界的真實地點也可以觸發 AR，你可以將 AR 觸發點放置在真實世界中的某些特定位置，比方說你的店門口或是特定景點位置，這種觸發方式非常適合實境尋寶或場域導覽。其呈現效果如同風靡全球的 Pokémon GO，你可以將角色或吉祥物化身為寶可夢，讓體驗者必須到達特定地點和角色互動來拿取優惠，或是進行闖關大地遊戲，到指定的幾個地點進行蒐集任務，來兌換禮物。若是應用在觀光場域或是古蹟導覽，你也可以設計角色在指定的位置出現，進行一場精彩絕倫、穿梭古今的導覽與解說。

» 以人臉觸發 AR 效果。

» 以現實所在位置觸發 AR 效果。

實戰演練

繼續我們的 AR 展覽專案：

　　團隊打算規劃專屬於「展場限定」的內容，並且在展覽場域內才能觀看，同時希望確保參觀者能「逛完每一個展覽房間」，因此，我們打算運用 AR 平臺 APP 這個媒介，運用它「多樣化」和「組合」具有彈性的特點，來實現專案的 AR 體驗。

　　由於展覽設計中，可以自己決定展覽輸出物上面的

內容，因此我們順勢運用這個優勢，選擇使用圖片來觸發 AR 內容。另外，也利用智慧型手機 GPS 定位的特性，讓民眾必須在限定的 GPS 經緯度範圍內，也就是展場的範圍內，才能體驗展覽的 AR 內容。

團隊將展場劃分了五個藝術家的房間，在每個房間入口地板都設有不同的「舞臺地貼」，利用手機的 AR APP 去掃描這個地貼後，藝術家會站在舞臺上，開始講述創作故事，並且，在每一個房間都有一個平面輸出的大藝術牆，參觀者除了可以直接和這個大藝術牆合照之外，還可以額外讓這面藝術牆彈出 AR 擴增出的立體空間藝術；讓參觀者除了可以欣賞到原本的平面藝術牆之外，還能觀賞到延伸的 AR 立體空間藝術，再進一步和作品拍照紀念。

專案其中一個目標是希望觀眾可以確實體驗完每一個展覽房間，因此想用闖關的概念，在逛完每一個房間時，都能獲得一個戳章，集滿所有戳章，離開前可以獲得展覽專屬的紀念品。我們將戳章安排在每次啟動大藝術牆時會獲得，因此只要觀眾有體驗每一面牆的 AR 立體空間藝術，就會獲得每個房間的章點，獲得全部的章

點後，在出口處出示給工作人員，就能兌換紀念品。

　　設計完成後，請務必以視覺化的方式畫出專案流程，它可以幫助自己和團隊以及利害關係人，更清楚的了解專案和 AR 體驗流程與內容。

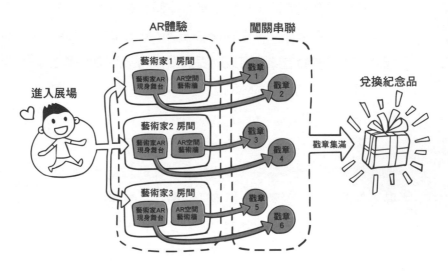

» 導入 AR 的展覽體驗流程圖。

4.4
AR 設計細節

在確立了整個專案的目的與魅力因子,將體驗流程融入 AR 之後,在開始製作 AR 呈現的分鏡與素材的設計上,還要注意哪些細節,才能呈現最棒的效果呢?

你常常聽到人們把 AR 和沉浸式體驗放在一塊談論,因為 AR 是虛擬和真實結合的科技,然而,要把 AR 沉浸式體驗做好,你必須特別注意「虛實結合」的部分,如果沒有經過巧思設計,那麼呈現效果可能不會那麼的好。

而 AR 最終呈現出來的虛實接合的效果好壞,在「分鏡腳本」和「美術設計」這兩個製作環節中影響非常大,好的分鏡腳本可以確保美術在製作時,可以從中得知在製作 AR 素材時,重要的環節在哪邊,哪裡是絕對不能疏忽,或是哪邊是必須強調的,而美術設計的風格、動態、視覺也會完完全全的影響 AR 呈現出來畫面的好壞。

我們觀察了很多 AR 互動,發現其中有一些環節很重要,少了它們,AR 呈現出來「虛實結合」的效果會被打折扣,所

以建議你一定要考慮到這些設計元素，在你精心設計後，使用者絕對會感受到更沉浸、更有共鳴。

4.4.1 無縫轉場

　　要讓 AR 的效果令人驚嘆，必須讓使用者感覺不到虛擬和真實的變化，以圖片觸發 AR 的方式為例子，這些被利用來觸發 AR 的媒介，例如：海報、紙、傳單、書本封面、看板、衣服等等，當使用者掃描它們來觸發 AR 時，「轉場效果」很重要，這裡有三個小技巧。

　　第一，如果你的 AR 素材是影片或是綠幕影片（去背影片），一個最簡單的辦法是將你的 AR 素材影片第 1 格（起始畫面）設計成和你的 AR 觸發媒介（圖片）一樣，在觸發 AR

» 設計 Tip：動畫起始影格和圖片相同。

時，就會感覺不到虛擬和真實彼此之間的轉換，這種呈現效果就像哈利波特會動的報紙一樣神奇。

第二個方式是，讓 AR 的元素從圖片外飛進來，或是從圖片內的某個物件背後走出來，也可以創造出多層次的空間感。人的視覺會聚焦在目前觀看的物體上，而當虛擬物件從真實環境的其他位置出現，並和這個物體關聯時，就會產生虛實融合的感受。

第三個方法，替你的 AR 觸發媒介（圖片）設計一個吸引眼球的動畫補間轉場，在播放完畢後銜接出 AR 內容，這算是第一個小技巧再延伸的撇步，只不過是你自己設計的一個「轉場」效果，銜接了原本真實物體以及即將出現的虛擬 AR 內容。例如：你可以將圖片不停旋轉，吸引住使用者的目光，在

» 設計 Tip：在你的圖片外圍延伸出虛擬物件。

» 設計 Tip：製作酷炫的銜接補間動畫。

» 設計 Tip：製作虛擬和真實的銜接動畫。

旋轉結束時銜接出後續互動的角色和元件。或著，利用連續的圖片不斷變換來做補強。還有，你也可以利用融合第二點的技巧，延伸出空間後，再用一些元素，創造出另一個場景，比如先呈現出雲霧的特效，再營造人物登場的動畫，最後雲霧散去，替人物出現的過程做完美的合理化。

 實戰演練

　　團隊的美術設計決定讓藝術家從舞臺登場時，先用 3D 動畫依序將地面、燈光等等各個物件一個一個掉落搭建好舞臺，然後做出閃爍的燈光效果，並且用類似演唱會藝人登場的概念，讓藝術家從舞臺底下搭升降梯冒出，營造出真實且具氣勢的出場方式。

　　在藝術牆的部分，則是打算先將牆上的 2D 幾何圖形以不規則的方式飄移跳動兩秒後，從牆壁往前彈出和牆上 2D 的幾何圖形長相相同但變為 3D 的立體物，創造平面和立體兩種不同維度的藝術空間。

4.4.2 融入情境

　　要將 AR 完美的融入你的品牌體驗旅程，也必須讓 AR 互動融入你的內容，彼此產生強烈的關聯性，將使用者帶入你設想的情景中。

　　比方説你想參考 Pokémon GO，設計一個類似的在地文化尋寶之旅，那麼你的角色勢必是這個地方最有共鳴的動植物、角色 IP、土產等元素，例如苗栗你會加入石虎，拉拉山你會挑水蜜桃，海港你會挑魚。當使用者在這裡體驗時，會更容易投入，記得，千萬不要加入一些莫名其妙不相關的元素。

　　融入情境也可以帶入多層次的感官體驗，舉例來説「空間」和「時間」兩種都是你可以產生另一種層次的元素，因

» AR 任意門可以打破空間限制，讓你進到畫家的房間。

為 AR 的特性是創造真實與虛擬混合的體驗，融合「時空」這種帶有虛擬想像「穿越」的概念，正好與 AR 的特性相符合，「什麼東西可以帶有虛擬想像空間？」是一個做延伸思考時，可以問自己的問題。

運用「空間」連結兩地，可以瞬間拉近兩個場景的距離，邏輯和我們開啟視訊一樣，可以透過某種方式馬上和遠處另一方面對面交談，你可以用 AR 的效果，創造穿越感去到另一個場景，AR 任意門就是為此誕生的體驗，使用時先用手機偵測附近真實世界的地面，接著在手機螢幕中放置 AR 任意門創造連結另一個場景的對口，AR 任意門有趣之處在於你還可以走進任意門內另一個產生出來的虛擬場景，同時因任意門的概

» AR 重現過去時空背景下的場景，甚至讓古人穿梭到現代做導覽。

念，也連帶消除真實與虛擬環境在銜接上的違和感。

創立「時間」背景的連結，要營造出像搭時光機回到過去或穿梭未來的感覺，以古蹟場域來說，過去的歷史文本是絕大多數觀者會有興趣的主題，你可以運用 LBS 與 AR 結合的概念，設置多個歷史導覽點，當觀者進到古蹟的這些導覽點時，觸發過去的歷史角色以 AR 的方式出現，讓這些古人直接為觀者導覽，更能感受到當時的時空背景。

實戰演練

在我們的 AR 展覽專案中，用來召喚每個房間藝術家的舞臺地貼，也是利用穿梭空間或是製造空間的概念，讓每一個觀眾都能直接和藝術家面對面接觸，增加藝術家與觀眾直接連接的臨場感受，讓體驗更為真實。

4.4.3 多感官互動

　　當人體多個感覺器官在協同作業活動時，能夠提高感知的效益，在心理學研究中稱之為「感官協同效應」，簡單來説就是越多感覺器官同時一起接受到資訊，就越容易被記得。

　　已故的著名行為神經學家 Richard F. Thompson 研究證明，人類小腦的下橄欖核部位對記憶有非常重要的影響，多種感官同時接受訊息時，會以多通道的方式調動人類的視覺中樞、聽覺中樞、語言中樞、運動中樞等部位的積極性，協同記錄感知，這種記錄方式會比單通道記憶強得多。同一個訊息以眼、耳、鼻、口、手等多器官接受時，透過不同的感覺神經傳入大腦，所有相應區域都會亮起來，彼此間互相建立關係，在大腦皮層上留下多重痕跡，即使某一條痕跡變淡了，其他痕跡仍然存在，強化了接收到的訊息印象，對於提高記憶質量效果顯著。

　　多感官接收訊息對於留下記憶是如此有幫助，那麼 AR 擴增實境就應該除了視覺臨場體驗之外，再加入聽覺、互動行為元素，除了讓眼睛能接收到視覺資訊之外，也能聽到資訊，並且以互動的方式加深記憶。

　　增加聽覺的好處除了幫助留下記憶之外，它還有一個重要的功效是營造氛圍，專業的配音可以透過背景音樂和適時的音

效，讓同一段影片呈現出快樂、悲傷兩種完全不同的感受。現在網路創作環境很容易搜尋到許多 CP 值高的音樂和音效，不要在這個環節省下功夫，那會使你的 AR 溝通感受度直接打對折，替你的 AR 互動配上生動的背景音樂與音效，絕對可以增加體驗中的樂趣，也能增加 AR 更真實的沉浸感。

背景音樂是不可或缺的，挑選一首符合你想和客戶傳達的音樂，或是符合你們企業性格，傳遞專業、磅礴、輕鬆等不同的感受。音效的部分則是留意動畫中要配上環境音、碰撞音、特殊效果音，另外使用者產生「互動行為」時也務必加上反饋音效，例如使用者點擊了按鈕、啟動開關、得分、過關等，甚至是虛擬角色說話配音，只要讓你的 AR 中出現現實世界中該有的任何聲音，都可以讓使用者更投入。

除了增加聽覺之外，也別忘了讓虛擬物件和你的受眾做互動，它可能是問答、猜謎、選擇、小遊戲等等，讓使用者動動手，不管是簡單或複雜，利用互動的方式傳遞訊息，能夠讓使用者對你所設計的體驗印象更為深刻。

實戰演練

　　藝術家的舞臺地貼在 AR 啟動後，舞臺搭建動畫要配上搭建的碰撞聲，燈光閃爍時，將音效對準閃爍的節奏，藝術家出場時，則配上氣勢磅礡的登場的音效。每一位藝術家的風格都不一樣，因此要設定不同風格的背景音樂，以符合每一位藝術家的性格。

　　當藝術家講解創作概念時，讓他跟觀眾進行對談式的虛擬問答互動，講解到一半時，藝術家會詢問問題，並且依據你的選擇不同，而做出不同的反應，後續的體驗也會有所不同，藉此增加觀展後談論的話題性，以及創造更多樣的體驗結果。

4.5
宣傳與引導

　　儘管 AR 能做到的效果很多，但請記得它絕對不是一顆萬靈仙丹，如果你只是做好 AR 的體驗但不去宣傳，那很難會有人知道你的活動，也不會有人去體驗的。所以，請務必！務必！務必！要大力宣傳你的 AR 體驗，不管是在社群媒體、街頭燈箱、網路宣傳、網站 Landing Page 或 Banner 等等，就像平常你會去宣傳你的其他活動一樣，要記得你的品牌活動是主體，AR 則是一個讓品牌體驗綻放花火的途徑和手段。

　　讓人們知道如何啟動 AR 也非常重要，舉例來說，如果你的 AR 互動都是利用圖片啟動，那麼你可以在有 AR 效果的圖片旁邊統一放上一個特殊標記，告訴觀眾有這個特殊標記的圖片，都可以

» 在可以啟動 AR 的圖片旁坐上特殊標記，幫助觀眾理解可以體驗 AR 的內容有哪些。

用手機掃描它來啟動精彩的
AR 效果。

» 現場安排人力，對活動體驗有
極大的效益。

　　另外，要記得把體驗流
程步驟告訴使用者，除了如何
啟動你的 AR 體驗外，若現場
有服務人員或輸出立牌、牆面
等引導整體流程的措施，一定
能讓你的體驗旅程更完美，現場體驗人員的教育訓練也非常重
要，讓他們知道你所精心設計的 AR 體驗，並且確實傳達給你
的受眾，那會是一件很棒且有效益的事。

實戰演練

　　因為我們的展覽導入了 AR 體驗以及設計了闖關機
制，因此在門口安排一位人員，引導觀眾下載體驗用的
AR APP，並且搭配牆上的輸出說明闖關機制，說明全部
的 AR 體驗完成後，會有限定的紀念品，藉此確保觀眾
都能順利的體驗到我們設計的精彩內容。

PART 5

不退流行的
十大 AR 經典案例

»打開「marq+」APP，掃描上面的圖片，
觀看有趣的 AR 導讀內容。

5.1
哈利波特的魔法報紙

▌躍然紙上的魔法師

　　哈利波特中《預言家日報》（The Daily Prophet）曾秀出「會動的魔法報紙」這個概念。然而，傳說中的魔法報紙已不再只屬於魔法世界，AR 技術賦予現實世界中的圖像、文字生命，讓它們可以結合影音，以活潑生動的方式呈現更豐富詳盡的訊息。

　　《遠見雜誌》就曾經將雜誌封面結合 AR 技術，讓一本看似傳統的雜誌為讀者帶來另類的閱讀體驗。民眾只要打開對應的 APP，將手機鏡頭對準雜誌封面或是內容中的圖片與內容，就可以看到圖片活起來變為動態影像。

　　拿起 2017 年 4 月的《遠見雜誌》，封面的施振榮先生穿著西裝，頭上戴著藍色的 VR 頭戴式顯示器。當讀者使用 AR APP 將鏡頭對準雜誌封面進行掃描時，雜誌封面的施振榮先生會忽然動了起來，摘下頭上的 VR 顯示器，並慢慢將身體轉向讀者開始侃侃而談。說話過程中施振榮先生不時地搭配肢體

掃描 QR Code
觀看案例影片

» 哈利波特中的《預言家日報》。

掃描 QR Code
觀看案例影片

» 2017 年 4 月會動的《遠見雜誌》。

語言，使整體效果更加生動逼真。而除了封面的體驗亮點之外，雜誌內頁也有許多供讀者掃描體驗的 AR 互動。

魔法報紙的效果是由於 AR 素材動態影片的起始畫面與封面（AR 觸發媒介）一樣，尺寸大小也完全相同，使虛實轉換過程完美又流暢，讀者在體驗的過程中不會感覺到影片出現時的異狀。

而除了《遠見雜誌》，也有越來越多的報章雜誌積極導入 AR 技術，包含為了提升閱讀品質而開發出專屬 AR APP 的《紐約時報》；和《遠見雜誌》相同應用，在封面增添 AR 動畫的《時代雜誌》；將內文連結 30 秒足球賽事短片的《德國 Bild 日報》等，都足以見到 AR 擴增實境技術在輸出物、印刷品這種應用方式已逐漸廣泛。

AR 技術固然可以讓報紙、書籍的閱讀過程更為有趣，但不要忘了書報雜誌中最重要的一部分還是「內容」與時效性，針對內容而言，如何讓內容與 AR 做極佳的融合再傳遞給讀者，將決定了閱讀時的感受與訊息接收的完整性，將會讓 AR 體驗更有意義；另外一個層次，則是要掌握出版物具備出刊的時效性，若能掌握這兩個重要議題，提升印刷或紙本的銷售量與獲利率將不是個問題。

5.2
紙張塗鴉 3D 立體化

▌塗鴉的角色從紙上跳出成真

　　畫畫可以幫助我們提升想像力與創造力，但科技的進步使現今越來越少人願意靜下心來，好好享受單純的塗鴉時光。Disney 的團隊 Disney Research 結合了畫畫和 AR 技術，讓民眾在專屬的著色畫冊中畫好顏色後，就能把自己繪製的角色跳出紙張變成 3D 立體的公仔，並開啟與畫中角色的進一步互動，使得小朋友更期待紙張上色後的成果。

　　打開畫冊後會看到很多只有線框輪廓的角色，包含章魚、大象、相撲手等，只要任意選擇喜歡的角色，發揮創意將色彩塗上，開啟 APP 將手機鏡頭對準塗鴉的圖案，即可看到自己 DIY 上色的動物從畫冊中浮出，此外出現的 AR 動物還有動態，例如章魚活出紙張之外，還會看到它的觸角不停的蠕動。

　　平面、立體、色彩三種元素之間的轉換，讓民眾在畫畫中，更期待自己完成的作品，而 AR 立體角色的出現與 3D 動畫的精彩表現，讓平面到立體的轉換過程宛如在看一場自己創

» Disney Color and Play 畫冊中的八爪章魚。

造的神奇魔術。

除了 Disney 之外，也有很多企業採用 AR 塗鴉技術來提升消費者體驗，比如樂天小熊餅乾就曾打造五隻不同職業的小熊結合 AR 塗鴉，消費者只要購買樂天小熊限定包裝的餅乾，就能隨機獲得其中一款繪圖紙。掃描畫好的圖紙將小熊變成 3D 立體，還可以隨時捕捉你想要記錄的畫面，除了儲存照片外，更可以直接分享到社群，讓朋友們看見你的創意塗鴉。

運用 AR 與塗鴉技術在產品銷售上，不僅達到樂天小熊餅乾的品牌擴散與曝光效益，同時滿足消費者對蒐集和彩繪塗鴉

» 樂天小熊餅乾中放入獨家的 3D AR 繪圖紙來刺激購買。

的渴望，進而購買更多的樂天小熊餅乾來達到蒐集圖紙的行
為，替產品帶來具體的消費動能與大幅提升銷售量。

掃描 QR Code
觀看案例影片

5.3
產品資訊視覺化

▌利用 AR 預覽產品內容

當消費者在選購產品時，往往會遇到一個很大的問題：「想像不出產品內容物或是組裝完畢後的完整模樣」，雖然產品的外包裝會有成品圖示，但平面圖片能夠提供的想像空間依舊有限。

如果不用打開產品包裝盒，就能 360 度無死角的自由觀看產品完成後的樣貌，對消費者而言是否變得更方便呢？積極追求創新的 LEGO 為了要解決上述問題，就嘗試利用 AR 擴增實境與產品做結合，2009 年起就開始嘗試在門市內導入 AR 擴增實境技術，輔助消費者在購買產品時下決策。

樹屋、軍艦、遊樂園、直升機……，盯著琳瑯滿目的 LEGO 積木，許多消費者往往無法決定到底要購買哪一款。LEGO 公司在門市內的貨架旁邊設置 LEGO DIGITAL BOX 裝置，當裝置上方的鏡頭拍攝到樂高產品盒裝的封面時，盒內組裝好的產品內容會即時顯示在盒子上，有些裝置甚至貼心地考

掃描 QR Code
觀看案例影片

» AR 裝置 LEGO DIGITAL BOX 可以用來觀看組裝好的樂高積木。

量到挑選產品的使用者多為小孩子,因此將裝置的高度設置較低,讓他們也可以自己拿著盒子到機器前方,觀看螢幕內產品組裝好的畫面。

　　當你選擇了一個公車亭 LEGO 積木,拿到 LEGO DIGITAL BOX 裝置前方,將包裝盒正面的圖片對準鏡頭,你會看到組裝好的公車亭從盒上躍然而出,變成組裝好的積木,若慢慢轉動產品盒,你可以從不同角度觀看到主體背後的物件。除此之外,螢幕上還會播放產品特殊的對應動畫,以公車亭來說,就會出現黃色公車繞過了房子的正面,並緩緩開到公車亭前方停下,隨著前後門的打開,LEGO 小人們也紛紛靠了過來,準備搭上這臺公車離去。增加產品動畫能吸引小朋友的好奇心,讓

他們想要不停地觀看更多產品主題內容，提高購買商品數量的可能性。

　　消費者在進行購買前，會希望可以看到產品的實體樣貌，但受限於店鋪面積等因素，往往只能看到幾款展示中較經典的實物。AR 技術的使用，能夠讓消費者自行選擇有興趣的產品，從各種不同的角度全方位觀看產品組合完成後的樣貌，甚至還可以結合 3D 動畫，讓體驗流程的趣味性再提升，操作過程也非常簡單快速，唯一要做的事就是把產品從貨架上拿下來，並走到裝置前面觀看。

　　AR 視覺化的特性，提供豐富完整的產品資訊，優化了消費者的購物體驗旅程，一方面對消費者而言，降低了買到不合適產品的可能性，另一方面對商家而言，更降低了產品售出後的退貨率，創造消費者和商家雙贏的局面。

5.4
穿梭空間的任意門

▍一腳踏進任意門中的世界

　　小時候的我們幻想著，如果有一天哆啦 A 夢的任意門出現在真實世界，那該有多方便？如今，透過 AR 擴增實境已經可以實現這個想像。

　　2019 年，華納互動娛樂商標 Portkey Games 和 Niantic 公司聯合設計出的 AR 手遊《哈利波特：巫師聯盟》，其中引起玩家高度興趣的系統之一，就是「港口鑰」這個利用放置靴子來開啟通往魔法世界的傳送門。

　　當玩家拿著手機在各地搜索魔法痕跡時，若拾獲特殊道具並步行達到一定里程數後，便可開啟港口鑰來放置靴子，開啟 AR 鏡頭搜尋周圍適合啟動任意門的空間，放置完畢後靴子後方會立刻出現散發著藍紫色光芒的橢圓形傳送門，而這也是一道通往哈利波特「魔法世界」的門。

　　循著地上引導的腳步和蹤跡靠近傳送門，你將踏入一個虛擬魔法世界。魔法世界有許多不同場景，你可能會進到一個溫

馨的小木屋裡面，屋內有著酒紅色的單人小沙發、正在烹飪料理的爐火，屋外則是讓人感到平靜愜意的碧綠草地與山巒；而有時，會發現我們走進行進中的霍格華茲特快車的車廂中，左右兩側分別是綠色皮製的火車座椅，一邊的椅子上放有一件黑色的巫師袍，另一邊的椅子則擺放了大量的魔法書與鳥籠，身後的窗外景色不停地在變換。

　　進入魔法世界後，系統會跳出對應的任務指令，讓你在魔法世界可以蒐集獲得額外的寶物。而高度還原的場景，也讓玩家們有置身魔法世界的錯覺。

　　《哈利波特：巫師聯盟》提供了許多不同的傳送目的地讓玩家解鎖，也因此替玩家增添了許多不同的探索樂趣。而哈

» 港口鑰／傳送門／魔法世界霍格華茲特快車的車廂。

利波特原著的世界觀本身就分為透過 9 又 4 分之 3 月臺才能到達的「魔法世界」，以及不具有魔法的「麻瓜世界」兩個空間，這樣的世界觀使得玩家更容易投入在遊戲中，尤其是開啟 AR 的傳送門時，更逼真的像是從麻瓜的世界走進魔法世界。

除了《哈利波特：巫師聯盟》這款遊戲之外，同樣的概念也被應用於許多行業中。例如在藝術應用上，就有讓民眾透過任意門可以直接走進梵谷房間的設計，只要使用智慧型手機，任何人都可以直接進入梵谷的 AR 虛擬房間，並且在裡面拍照留念，將遙遠的時空拉近了距離，而這樣的設計也讓民眾除了可以用較為趣味的方式近距離認識梵谷之外，更能對體驗留下深刻的印象。

掃描 QR Code
觀看案例影片

» 進入梵谷房間的 AR 任意門。

5.5
驚奇公車亭

▌平凡街頭變為奇幻場景

　　百事可樂在倫敦公車站曾推出創新的街頭廣告活動「Unbelievable」，運用了 AR 擴增實境讓民眾在等車過程中這段無趣的時間發現驚喜，並且鼓勵民眾事後分享彼此過去曾經做過最讓人「Unbelievable」的事情，拍攝成 6 秒鐘的短片上傳至網路平臺分享。

　　百事可樂在公車亭建置一個落地的顯示器，公車亭內側螢幕呈現虛擬 AR 影像，外側則為巨大的百事可樂 LOGO；上方配有捕捉街上行人與車輛的攝影機，同步將畫面呈現在落地顯示器的螢幕裡。接著，只要有民眾到公車亭等車，就會從螢幕中看到各種虛實整合的新奇景象。

　　在等待公車到來之時，往左手邊的螢幕一看，忽然街道上的排水孔蓋從你眼前彈了起來，隨後伸出一隻滑溜又巨大的紅色觸手，捲起站在一旁的民眾往天上一甩，以迅雷不及掩耳的動作縮回排水孔內，留下目瞪口呆的民眾在原地停留。除了觸

手怪物之外，還有機會目睹數艘飛碟同時出現在天空，把路人吸上飛船，或是巨大的隕石墜落在公車亭旁邊，以及漫步在街道上的老虎等。

» 落地顯示器看出去的樣貌。

» 落地顯示器顯示八爪怪物的襲擊。

掃描 QR Code
觀看案例影片

百事可樂巧妙運用 AR 擴增實境將虛擬動畫與現實的街道結合，讓乘客感受到驚喜，而單面螢幕的顯示器也巧妙創造了螢幕兩側民眾之間的互動性。站在公車站外側的民眾必須協助內側的朋友配合螢幕中的 AR 畫面做動作，才能成功拍出具有互動性的奇妙趣味影片；雖然站在外側的朋友完全看不到 AR 影像，但是卻對百事可樂留下了深刻活潑的品牌印象，因為唯一映入他眼前的，就是巨大的百事可樂 logo。

　　導入 AR 的廣告通常可以產生巨大的效應，從本案例看來，百事可樂選擇大眾常經過的公車亭為互動場景，製造虛擬動畫與真實環境之間的關聯性，讓他們更容易融入情境內，拉近大眾與品牌之間的距離。而 Depth Map（深度貼圖）技術的使用，更是將虛擬的內容和真實環境自然地呈現在街道上，讓 AR 動畫的表現不具任何違和感，創造虛實無縫轉場，營造出逼真的 AR 效果。

　　充滿趣味性的「Unbelievable」活動不僅帶來巨大的轟動，也成功讓民眾停下腳步，並且將與廣告互動的影片上傳分享，成功傳達品牌年輕與活潑的形象，進而品牌重塑，讓品牌定位在「年輕人愛喝的可樂」。

5.6
栩栩如生的視覺牆

▌Revolution! 靜態視覺藝術牆進化為動態

　　相信許多人都體驗過 3D 錯視體驗牆，但是 3D 錯視牆若沒有載入 AR 效果已經跟不上時代潮流了！Trick Eye 3D Museum 設計過許多平面錯視藝術作品，其中一部分除了巧妙利用借位來產生錯視的樂趣之外，即是結合了 AR 擴增實境技術，達到 4D 錯視效果，讓 4D 錯視展覽增加另一層體驗維度，進化為動態的 AR 互動型態藝術展。

　　舉其中一個相撲主題視覺牆為例，畫作中間下半部有一個向左方傾斜的木製蹺蹺板，左側是預留給觀眾拍照所站的位置，右端則蹲著一位體積巨大的日本相撲選手。體驗前，展場提供民眾一套相撲服給觀眾穿上，接著請工作人員或朋友使用手機開啟 AR 應用程式對準視覺牆，畫作上方會擴增出如格鬥遊戲介面中的兩條黃色血量，接著觀眾站上了蹺蹺板的左端原地跳動幾次，蹺蹺板的右端會開始劇烈晃動，隨著雙方的血量逐漸減少，最終右邊的相撲會被觀眾震出畫面外。

» 相撲主題錯視牆在手機中呈現的 AR 畫面。

» 被 KO 掉的相撲手即將飛出畫作。

掃描 QR Code
觀看案例影片

除了相撲 PK 大賽，還有很多不同的 AR 錯視畫作，包含在水族館化身美人魚與魚群暢遊海底、不斷冒出鬼怪的怪奇江戶屋、被外星人帶到手術室進行改造等體驗。

　　臺灣的桃園機場和百貨商場也使用過拍照背板結合 AR 的應用模式，將原本靜態氣氛牆面透過互動變成具備故事性的體驗情境，吸引民眾進行深度體驗或是停留拍照紀念。例如桃園機場中秋節時曾設計了從電扶梯直通月球的拍照背板，利用 AR 掃描後，會看到隱藏的嫦娥、月兔和太空人；萬聖節則是宅配通結合節慶主題，把原本單純的萬聖節搗蛋鬼怪主題拍照

» 平凡的登月拍照背板掃描後出現嫦娥和月兔。

背板，增加了 AR 掃描後出現的南瓜送貨員 kuso 動畫，旅客可以在 AR 貨車駕駛座上和南瓜送貨員一起演出送貨的情境。

　　運用 AR 技術，結合靜態的錯視畫作或品牌主題背板，將原本的拍照體驗融入虛實混合的情境，不僅讓平凡的牆面變得栩栩如生，更能提升觀眾體驗的互動趣味性。而動態的 AR 體驗過程還能用手機錄影，使得除了拍照以外，還多了動態的紀念方式。

» 萬聖節的拍照場景用 AR 掃描後，出現南瓜骷髏外送員。

5.7
召喚角色降臨場域空間

┃和偶像、虛擬人偶、吉祥物做趣味互動

　　知名香水品牌 Lynx Excite 曾拍攝過幾部天使下凡的廣告進行產品宣傳，打造獨特的數位 OOH（Out-of-home，家外廣告）體驗，藉由 AR 技術的結合，推出「Angel Ambush」活動，讓廣告影片中的天使直接降落在民眾身邊，營造出虛擬角色忽然出現的驚奇感。

　　Lynx Excite 選擇英國的維多利亞車站、伯明罕新街站、土耳其的伊斯坦堡和澳大利亞的墨爾本地區讓路過的行人進行體驗，活動場地地上有「LOOK UP」文字的地貼，作為提示啟動 AR 互動的感測區域範圍。當民眾看到 LOOK UP 指示抬頭後，會看到上方的大螢幕拍攝到民眾所站位置及周圍的影像，剎那間，天使忽然從天而降落在民眾身旁。

　　民眾的反應都非常有趣，大多數人會先轉身看向四周，確認身旁是否真的有美麗的天使，然後再次抬起頭來望向大螢幕，身旁的美麗天使會慢慢站起來，在民眾的周圍來回走動。

掃描 QR Code
觀看案例影片

» 民眾抬頭會看到自己在大螢幕上。

　　Lynx 的香水廣告，結合 AR 擴增實境技術，讓民眾可以在特定地點與 4 位天使進行互動與合照，而虛實情境的結合也使得許多民眾接受 Lynx 傳達的品牌形象以及主動了解推出的產品。

　　這個廣告成功吸引到消費者的注意力，使他們積極參與其中的互動，最終讓產品資訊有效被推廣。而活動的互動影片「Angel Ambush」也獲得巨大的回響，除了在 YouTube 上創造了 130 萬的瀏覽紀錄、25 萬的 Facebook 按讚數、被發表成 249 篇文章（包含 WIRED 和 BBC），而這次的廣告活動也贏得了坎城國際創意節（Cannes Lions）的戶外創意獎與媒體創意獎，並入選 Outdoor Hall of Fame。

» Lynx 地板上提示的 LOOK UP 香水廣告地貼。

» 埋伏的天使從天而降。

在臺灣，KKBOX 也在臺北市的明曜百貨廣場運用類似的概念來吸引路人的眼球，不過這次不是召喚虛擬的天使，而是真實的歌手偶像陳奕迅。站在貼有「玩樂感染」的地貼上，抬頭會看到玩樂神醫陳奕迅出現在你旁邊，跟著陳奕迅一起隨興跳一段舞後，他會診斷你的玩樂體質，啟發玩樂基因、趕走你的煩惱，最後民眾可以和逼真的陳奕迅合照，還有機會拿到 EASON'S LIFE 演唱會或 KKBOX 風雲榜門票。

除了 Lynx 天使下凡和 KKBOX 在街頭召喚陳奕迅一起共舞的例子外，還有許多類似的應用案例。比如國家地理頻道就召喚出各種不同的動物與自然景象，包含恐龍、豹、海豚、打雷等，讓民眾用全新的方式直接走進國家地理頻道的世界裡，成功吸引了許多人的目光，不僅如此，還引起媒體報導，製造不少話題。

掃描 QR Code
觀看案例影片

» 跟陳奕迅在 KKBOX 一起玩樂，感染全世界。

» 國家地理頻道活動中的 AR 恐龍虛擬影像。

5.8
現實地點出現虛擬角色

▌打造專屬的實地尋寶或導覽體驗

結合實地與 AR 體驗最知名的例子就是寶可夢，除此之外，還有如侏羅紀公園題材的《Jurassic World Alive》與陰屍路《The Walking Dead：Our World》，其共通的特性不外乎讓玩家能利用真實世界地圖探索物資或怪物出沒的相關情報，進而和實景出現的虛擬怪物進行遊戲。

不過除了這兩個例子，AR 與 LBS 的結合還賦予遊戲娛樂之外更多意義的可能。

臺北市作為臺灣的首善之都，市政府招募了許多提供友善服務的店家及場館。為了讓更多人認識這些友善店家，便推出了 AR 擴增實境尋寶遊戲「Taipei Friendly GO!」，讓觀光客與市民能夠了解友善店家和友善服務，並且增加民眾前往不同店家消費的意願，加強店家與消費者之間的互動，促進新商機的發展。

透過 AR 擴增實境，民眾可以進行友善店家的尋寶探險之

» 《Jurassic World Alive》的真實地圖中出現恐龍的蹤跡。

» 《The Walking Dead： Our World》真實世界中物資與喪屍資訊。

旅，在尋寶累積積分的同時，順便認識臺北未知的角落。玩家可以在探索遊戲劇情時取得店家優惠，並在完成任務後累積個人積分，參加抽獎活動。

　　尋寶時，手機螢幕會顯示周圍的街景，並且在店家和知名景點的位置上方出現 AR 地標和與其之間的距離。若為友善店家，地標上方會出現提示的閃爍藍光，玩家可以使用 AR 導航提供方位上的輔助來前往任務地點，到達後只要經過簡單的小遊戲就能獲得積分和店家優惠。

　　當你希望參與者能夠前往某些特定地點時，就是使用 AR 與 LBS 技術的最佳時機，你可以讓玩家在這些地點之間做類似大地遊戲的尋寶闖關或累積積分任務，為指定地點導入人流，抑或是在知名景點、特色建築、歷史古蹟旁，讓專屬的吉祥物出現進行景點導覽。

» 運用 GPS 定位在特定位置顯示 AR 地標。

掃描 QR Code
觀看案例影片

» 靠近 AR 地標會出現角色,協助導覽或完成遊戲任務。

5.9
經典場景與歷史還原

▌創造地域與時空的連結共鳴

　　著迷電影、影集、音樂 MV 的朋友到影劇中的拍攝場景旅行時，容易會感到情緒高漲、欣喜若狂，擺出與影片中角色相同的動作來拍照錄影留念，模仿重現影片中的情節畫面。

　　在英國有運用 AR 擴增實境技術結合倫敦拍攝過的精選電影場景的應用，將電影情節重現在倫敦街頭，把影像融入現實場景中，強化了粉絲在劇景時，沉浸於劇情回憶的連結性。

　　例如當你在知名電影《新娘百分百》（Notting Hill）劇情中的路口，一臺紅色雙層巴士會從你眼前開過，而穿著西裝的男主角威廉・薩克（休・葛蘭特飾演）就站在巴士後門，下了車小跑步的穿越馬路。鏡頭轉向位在轉角的咖啡廳 Coffee Republic，可以看到拿著柳橙汁的威廉・薩克漫不經心地走在街道，撞到了女主角安娜・史考特（茱莉亞・羅勃茲飾演），將柳橙汁全部撒在她白色的上衣上，兩人也因此陷入一陣慌亂與尷尬。

» 顯示由當地拍攝的電影情節：即將下車的威廉‧薩克。

» 顯示由當地拍攝的電影情節：柳橙汁撒在安娜‧史考特身上。

除了電影場景的結合，英國倫敦博物館也曾利用 AR，讓博物館中的典藏畫作，以虛擬方式直接在街道上呈現，使民眾可以用更輕鬆與不受距離限制的方式探索城市的歷史。

　　民眾可以在地圖上的指定景點，看到當地與相關畫作連結的詳細介紹，還能進一步的啟動 3D 瀏覽模式，畫作會直接覆蓋現實景點中對應的街景，疊合虛擬影像，使體驗者彷彿穿過時光隧道，一併欣賞著當代與過去的景象。

　　這個經典案例就是巧妙運用第四章提到的「融入情境」的技巧，在同一個地點融合了不同時間軸下虛擬或真實的內容，放大體驗者投入的情感。當你的場景非常具有歷史或故事性，運用這種手法來設計並導入 AR 會是相當不錯的選擇，讓使用者更容易沉浸投入體驗。

掃描 QR Code
觀看案例影片

» 畫作與現實場景的結合 1。

» 畫作與現實場景的結合 2。

5.10
AR 創作共同演出

▌透過多屏幕互動，AR 創意作品齊聚舞臺

AR 可以創作出的玩法千變萬化，但是如果只有自己能看到自己的 AR 作品，那麼就有點可惜了。teamLab 曾經設計過 Sketch Aquarium，讓訪客們可以發揮想像力與創造力，先挑選喜歡的海洋生物，發揮創意在紙張上繪製後，將紙張經過掃描，海洋生物就會匯聚到大螢幕裡的大型水族館中，和其他訪客創造的海洋生物一起漫遊在海洋世界。除此之外，訪客觸摸到魚時，魚還會游走，或者還可以打開飼料來餵魚。

若進一步將塗鴉過的創作，利用本章第二節結合 3D 塗鴉創作 AR 的方式呈現，AR 創作作品更具備三種互動價值：

1. 將自己著色創作的實體作品帶回家。
2. 觀看自己創作作品，並將其立體化、合照紀念。
3. 作品投影到大螢幕上，和其他訪客的作品齊聚一堂，達成展示科技效果。

掃描 QR Code
觀看案例影片

» 將塗鴉的海洋生物傳送到巨大的投影水族館內。

　　而將作品投放到共同舞臺，和其他創作者同臺演出的類
似概念，稱之為 AR 效果中的多屏互動，可以結合成共同創作
之作品集，達到多元化展示效果或商業模式。其中令人印象
深刻的案例就不得不提到臺北 101 商業大樓的大型互動裝置
「WOW 101 萬象之窗」。在此案例中，旅客可以透過現場的

掃描 QR Code
觀看案例影片

» 101 的萬象之窗聚集了大家拍下的 AR 照片。

Kiosk 互動裝置，或是利用自己手機創作限定紀念版的 AR 效果明信片，接著解放 Kiosk 中的熱氣球，或將手機搖一搖，使用者就彷彿搭乘熱氣球飛到 101 的萬象之窗中，透過大屏幕的互動裝置遨遊在臺灣的各大美景，變成一面豐富的照片牆，還可透過螢幕的定時播放模式，讓民眾停駐觀看自己的 AR 創作成果，創造沉浸式體驗中的自我創作與集體展示樂趣。

　　無論是 teamLab 的 Sketch Aquarium 或是臺北 101 的萬象之窗，都展現出普遍大眾喜歡展現自己的表達力、創造

力。共同舞臺演出的概念，也匯集出獨特的人文關係，而 AR 科技除了可以透過以上方式看到彼此創造的內容之外，隨著科技的推展，也正朝向在現實空間中，能夠看見彼此 AR 內容以及與之互動的路途邁進。

PART6

從現在到未來
——解析明日 AR 樣貌

»打開「marq+」APP，掃描上面的圖片，
觀看有趣的 AR 導讀內容。

6.1
現代 AR 發展輪廓

　　AR 擴增實境技術發展至今已超過 60 年,我們所認知的世界仍在不斷的進化,技術的突破,仰賴研究與創新,除了學術領域進展之外,資本市場上應用場景的轉動與革新,是技術進步的最大動力,而全球資本市場如此看好 AR 成長潛力,國際級大企業自然在 AR 領域上也沒有缺席,Google、Apple、Microsoft、Facebook、Snapchat 等都積極投入 AR 領域的發展。

　　Apple 近年積極投入 ARKit 引擎的研發,在 2019 年 WWDC 上,Apple 也和知名遊戲 Minecraft 聯手展示了新技術:人物遮擋(People Occlusion)和動作捕捉(Motion Capture)。AR 擴增實境技術中要達到逼真的效果,遮擋絕

» Apple 2019 WWDC 展示人物遮擋與動作捕捉技術。

對是必要條件，但也因為技術困難，過去一直很難實現。蘋果這次 WWDC 的展示中，已經可以判斷 AR 運算產生的虛擬物體和實際環境中人物的前後距離關係，過去 AR 的虛擬物件只能呈現在真實物體前方，而 Apple 的新技術，讓虛實呈現更自然。

在 Android 平臺上，Google 也有提供 ARCore 的開發套件，智慧型手機雙平臺都有對應的 AR 開發解決方案，Google 也著重在 C 端 AR 應用，包含自家瀏覽器 Chrome 和 Google-Map 都添加了 AR 的應用。

在手機的 Chrome 瀏覽器上，Google 將搜尋引擎實體化，一些動物在搜尋後，可以真實的放到你的周圍，搜尋引擎以往只能提供平面或是影片的搜尋結果，當搜尋結果能以 3D 和 AR 方式呈現時，能讓搜尋者以更多角度觀看要搜尋的結

» Google 搜尋引擎 AR 實體化。

果，不再局限於平面上。

　　Google 也與 NASA、New Balance、三星、Target、Visible Body、Volvo 和 Wayfair 等公司合作，在搜尋中展示商品內容，無論您是在學校學習人體解剖學還是購買一雙運動鞋，都可以直接從 GoogleSearch 中，與近乎真實的 3D 模型互動，並融合在現實世界中。

　　也許未來我們搜尋的各式物品或商品時，也都可以利用 AR 實體化 360 無死角的檢視，對消費者而言，可以對商品造型和功能能更清楚地理解，對線上購物業者而言，可以減低顧客收到商品時的落差感，降低退貨率。

　　GoogleMap 的行人模式也在 2019 年推出了 AR 功能，在

» GoogleMap 行人 AR 模式。

街道中拿起手機掃描四周街道，便可以看到行走方向指標出現在現實場景的路面上，精確的指示導航路徑，搭配原本 2D 地圖上的藍點，幫助用戶更準確掌握自己所在的方位。

Microsoft 一直致力於 Hololens 的 AR 眼鏡開發，2019年也推出了 Hololens2，相對於其他大廠而言，Microsoft 不斷深耕企業市場，去年底也獲得美軍 4.79 億美元的投資，要將 AR 應用在軍事訓練和用途上，達到戰場模擬和降低訓練風險的效果。由於 AR 可以將虛擬的事物呈現在真實世界中，所以軍隊只要戴上 AR 眼鏡，就能一腳踏入設計的環境中，例如虛擬的恐怖分子會出現在現實生活中的窗戶旁，藉此達到訓練的成效，同時收集相關數據，改善士兵的射擊技術。另外一個

» Hololens 打造的 Weapons Augmented Reality Scoring System。

好處是在使用 AR 進行訓練時，並不會有人數上限的問題，只要有足夠的眼鏡，整個部隊都可以同步進行訓練，讓訓練變得更加真實，且也不會有任何人受傷，除了創造出一個更安全的訓練環境，還能提升他們的認知能力。根據美國海軍研究署（the Official Naval Research）的報告，沒有玩遊戲的人視覺敏感度比較低、比較不擅長記住所觀察到的事物，在處理新訊息時的反應也會比較慢。所以，運用 AR 創造出像遊戲般的模擬情境，還可以大大提升士兵們的認知能力。

雖然軍方投資 Microsoft 開發軍用 Hololens，但在 2019年 2 月微軟公司內部的員工就連署抗議，要求公司取消與美軍的合約，因為不希望自己所設計出來的 AR 技術，最後變成用來訓練殺人能力的工具，在未來恐出現更多問題與爭議。

常被拿來比較的 Facebook 和 Snapchat，兩者都有自家的 AR 平臺 Spark AR 和 Lens Studio，但由於兩間公司的定位不同，在 AR 的操作上也有所不同。使命是讓全世界連結更緊密的 Facebook，在擁有大量使用者的自家社群媒體平臺 Facebook 和 Instagram 中，導入 Spark AR 的廣告。

而 Snapchat 則定位在攝影公司，所以創作者們在 Lens-Studio 打造的 AR 濾鏡，更像是單眼玩家所擁有各種不同焦段的鏡頭，當 AR 鏡頭越多，就有越多人可以創作出不同風格的

攝影作品。在使用量的部分，Facebook 的 Spark AR 在 2018年已有 10 億人使用過，而 Snapchat 在 2019 年公布每日活躍用戶（DAU）達到 1.86 億，其中 1.4 億（75%）的用戶每天都在使用這些 AR 濾鏡。

綜觀現今 AR 的發展，我們可以觀察到 AR 除了在企業端有模擬訓練、流程改善等之外，消費者端的應用場景也在增加中，AR 是一種視覺化的表現方式，是一種新的介面呈現手法，過去我們閱讀紙張、電腦、手機和平板，未來資訊的呈現會在現實生活中對應的地方直接出現，我們不必低頭用手機上網查產品的資訊，就能看到產品所有的規格與評價，我們也不必低頭看車上的導航螢幕，就能在現實中看見導航的方向。

» Facebook 和 Snapchat 都有 AR 創作工具。

6.2
現代 AR 發展關鍵因素

　　AR 擴增實境的技術發展，會受到多重因素的影響，其中涵蓋了網絡環境、硬體、軟體、場景四大面向，「網絡環境」會影響「硬體」與「軟體」的發展，而三者又會影響 AR 能夠應用的「場景」，殺手級應用「場景」的出現，則會影響整個 AR 生態市場的爆發性成長。

» AR 發展受層層因素互相影響，有可能某個因素的提升，殺手級應用就出現了。

6.2.1 網絡環境

雲端運算

　　現今網路上的資料量、儲存方式、傳輸速度、運算速度正以倍率不斷的成長中，從運算、儲存和資料庫，到物聯網、機器學習、資料分析等等都使用雲端運算。因為雲端同步的便利性，我們得以在不同的裝置上切換工作，也可以輕易地開啟網

站空間服務，開始經營網路生意。當資料儲存在雲端、運算也在雲端，意味著資料不再像單機電腦一樣，檔案安裝在厚重的電腦，而是可以隨時隨地的存取雲端上龐大的無數資料，沒有本機硬碟檔案的限制。

以前賈伯斯說 iPod 可以把一千首歌裝進你的口袋裡，而現在，Spotify 把全世界的歌都裝到你的 APP 裡面，雲端服務造就了新的軟體即服務體驗模式（SaaS，Software as a Service），改變消費者的行為。

物聯網規模持續擴張，尤其在網速持續提升的環境下，影響更大。雲端運算能力和物聯網裝置的大小重量成反比，以AR 來說，當雲端運算變得更好時，AR 眼鏡的尺寸、重量將可能獲得改善，AR 眼鏡可以將運算所需的功夫全都交給雲端處理，消費者的 AR 眼鏡全心全意注重在顯示介面上。

▎網路速度會如何影響 AR 發展？

根據思科發布的思科視覺化網路指數（Cisco Visual Networking Index™，VNI）2017 至 2022 年預測報告指出，全球網路速度在 2017 年已經達到平均 8.7Mbps，而這個數字會在即將來臨的 5G 行動網路時代再有另一波的成長。

隨著 5G 手機陸續問世，以及電信商思考布局 5G 通訊設

備後的商業模式，全世界都期望 5G 帶來產業革命，創造下一波經濟成長，從 IoT、4K、8K、AR、VR、MR、邊緣運算、雲端運算等，各種跟 5G 結合的應用不斷被拿出來討論「5G 新商機」的話題。

但是，5G 真的會是所有人的救命仙丹嗎？舉一個例子，在移動裝置上觀看影片時，我們需要 5G 嗎？絕大多數人根本分辨不出 Full HD 和 4K 在手機上的差別。要判斷這些科技是否真的能透過 5G 有所提升，可以從 5G 的特性：高速、低延遲、高頻、訊號範圍短、低穿透來分析。

AR 擴增實境除了需要從雲端傳輸大量體驗資料，還需要結合虛擬與現實空間的運算，利用 5G 的特性，可以讓體驗內容更為流暢並且更豐富，包含移動裝置的 AR 體驗或在未來的 AR 眼鏡上，都能提供更讓人驚豔的表現。

▌從 3G 到 4G 網路時代，AR 體驗場景的轉變

2010 年到 2015 年左右的 AR 體驗大多安裝在手機或電腦上，因此通常需要先安裝好應用程式或是定點式的體驗，這些服務的弱勢在於傳播便利性，隨著智慧型手機和 3G 的普及、AR 行銷和廣告崛起，慢慢地越來越多 AR 內容開始轉往放在雲端，用手機體驗 AR 也變得越來越便利，但是在大量人潮聚

集時，3G 網路頻寬被人群分散，網路速度負荷不了，AR 內容下載變得緩慢，體驗也因此變得不佳。

4G 出現後，網速問題漸漸被克服，使用手機體驗雲端 AR 內容變得更流暢，人潮聚集時因網速等待的體驗縫隙問題也減少許多，不過，這都是基於體驗檔案較小、較不複雜的 AR。

要能順暢地體驗精緻的 AR 立體視覺化內容，還需要更快的傳輸速度。

▌從 4G 到 5G 時代，AR 體驗可能出現哪些變化？

之所以全世界認為 AR 市場的未來遠大過於 VR 市場，部分原因就在於 VR 場景侷限於室內空間，AR 則涵蓋室內與室外，應用層面也更多元，而 AR 要在戶外發揮更棒的功效，行動網路的速度就扮演很關鍵的角色。

中國移動曾表示，5G 網路速度約是 4G 的 11.2 倍，5G 訊號範圍小但高速傳輸的特性，可以讓人潮聚集處的網路速度大幅提升。那麼 5G 可能提升 AR 哪些方面呢？我們試著從質和量兩個方向來看。

1. 質的提升

高品質的內容：AR 體驗感受會被硬體效能和資料傳輸速度影響，硬體可以讓 AR 呈現更好的視覺效果，目前硬體效能已經逐漸越來越高，要更好也不是太大的問題，甚至也能透過雲端運算再把結果傳回裝置上顯示，減輕 AR 設備重量，另一方面，透過 5G 的資料傳輸速度，更可以傳遞更高品質的 AR 內容給戶外的使用者。

無縫體驗：除了能傳輸高品質的 AR 內容，5G 還能幫助 AR 縮短體驗的等待時間，許多 AR 內容都從雲端傳輸，如果傳輸速度能提升，體驗的感受極可能會像我們使用手機或電腦開啟檔案一樣的無感快速。

2. 量的提升

體驗內容量大增：傳輸速度的提高，可以讓雲端上大量豐富的 AR 內容輕易地傳遞給使用者，我們以前要在巨大的圖書館尋找我們要找的書在哪，而現在我們只要上網 Google 就能獲得大量的知識，如今，AR 還能夠把平面的文字圖片轉換成立體視覺的擬真內容，提升我們的學習或工作效率。

應付大量人潮活動：人潮聚集的活動是大量商機的機會，許多品牌常利用 AR 來作為行銷的媒介，5G 將可以讓大量的

人群同時擁有高速不塞車的 AR 體驗，甚至是多人同時觀看到相同的 AR 內容。

6.2.2 硬體—— AR 眼鏡

2013 年，Google 發展出第一代的 Google AR 眼鏡，之後許多大廠也紛紛推出 AR 眼鏡，包括 Microsoft 的 Hololens、Snapchat 的 Spectacles、Magic Leap 的 Magic Leap One AR glasses 等，甚至連 Apple 也積極想要發展 AR 眼鏡。2019 年 BUSINESS INSIDER 指出 Facebook 內部的 Facebook Reality Labs 正在發展 AR 眼鏡；同年七月，一篇探討腦波技術的研究，也讓我們發現 Facebook 對於 AR 眼鏡發展的考量與憧憬，而沒過多久就傳出 Facebook 與 Luxottica 集團合作發展 AR 眼鏡，並預計在 2023 到 2025 年間推出 AR 眼鏡，Facebook 的終極目標希望由腦波控制軟體操作，只需要意念就能打字。

FOV

AR 眼鏡的一個罩門是視場角，一般稱為 FOV（Field of View），目前大多數 AR 眼鏡 FOV 都在 50 度左右，人類兩眼 FOV 交錯區域為 124 度、單眼為 60 度，也就是說當 FOV 低

於 120 度時，會有一種觀看前方一個小型螢幕的感覺，如此就無法讓人類大腦認為畫面和空間完全結合，達不到沉浸感。

▍重量

由於 AR 眼鏡本身乘載著晶片、電池，以及成像顯示等因素，這些都會增加眼鏡的體積重量，也因此，目前 AR 眼鏡還無法和一般眼鏡一樣輕薄。

高通 Qualcomm 推出讓手機連結 AR 眼鏡，以手機提供運算和供電的功用，讓 AR 眼鏡能夠省下電池和運算電腦的空間，就是為了減輕配戴 AR 眼鏡時的負擔。2019 年開始，越來越多 AR 眼鏡用手機運算的特點，大大減輕了 AR 眼鏡的重量，它們的重量大約減輕到 88 公克以下。

▍價格

在價格方面，第一代 Google Glass 成本材料據説是 152 美元，但售價卻是高達將近十倍的 1500 美元，雖然開發人力花費確實昂貴，但價格不夠親民也讓民眾不願意去嘗試。智慧型手機協助 AR 眼鏡作運算後，也許可以大幅降低成本費用，讓 AR 眼鏡變身為大眾化的商品，當 AR 眼鏡的用戶數提高後，也會有更多開發者投入創造 AR 應用上。

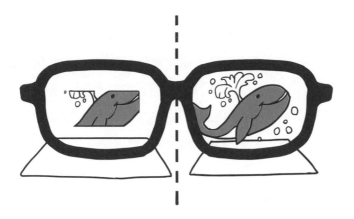

» FOV 大小對 AR 眼鏡視覺結果的差異，左為 FOV 過小呈現的畫面，
右為理想上的畫面大小。

» FOV 示意，色塊範圍代表人眼透過眼鏡實際可以看到的成像範圍。

▍安全性

　　配戴 AR 眼鏡時，因為在現實中疊合了虛擬資訊，可能會造成使用者的注意力分散，如同玩寶可夢時系統會不斷提醒你注意現實環境的安全，AR 眼鏡也有這方面安全的問題。如何讓現實環境中重要或危險因子能比擴增的虛擬內容更優先顯示或防範危險發生，將是 AR 眼鏡的重要課題。

▍隱私

　　因 AR 眼鏡通常配有鏡頭，也掀起了隱私疑慮的爭議，讓人們對於具有攝影、拍照功能的 AR 眼鏡是否安全感到困惑。類似 Snapchat 的 Spectacles 的眼鏡提供錄影的服務，這讓一般大眾對配戴有鏡頭的人產生恐懼，一般大眾不知道他們是否正在被錄影、偷拍照片傳送給陌生人，或是被臉部辨識拿來進行什麼不為人知的事，除了 Spectacles 外，過去部分美國公司也曾在辦公場所張貼禁止配戴 Google 眼鏡的告示。

　　Netflix 上的美劇《黑鏡》第一季第三集的「The Entire History of You」中的擴增實境「眼睛」，就不斷地記錄你的全部人生經歷，隨時都能重播你的人生片段，而你的一舉一動，都可能被他人不斷重播。

造型

具備定位和六軸感應的 AR 眼鏡體積通常較大，造型呈現比較不生活化，大部分難以像一般眼鏡一樣的造型登場，雖然應用在訓練、模擬等企業端是特定的使用場景，不一定要做到像一般眼鏡，但是若要普及到消費者端，只要一配戴它走在路上，馬上會吸引異樣的眼光，因此，AR 眼鏡要普及化，設計也是非常重要的考量。

未來不管是 AR 或 MR 眼鏡，重量、FOV、造型都是硬體還需加強的重點項目。而當利大於弊的時候，價格、隱私權往往不會是最優先考慮的問題，想想我們常常用 GoogleMap、用許多應用程式、登入會員等等，都在不斷地索取個資，但是消費者還是用得很開心，就是因為它的服務能夠強烈滿足你的

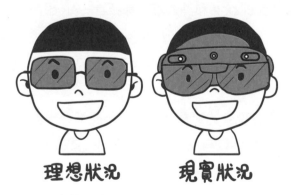

» AR 眼鏡目前的理想與現實。

需求，而價格一代比一代還高的智慧型手機，也因為它強大的性能，許多消費者仍心甘情願的掏出荷包買單，也是因為它能夠強烈滿足你的需求，替你節省時間。

安全性的問題，則需透過使用者體驗設計來改善，例如讓使用者可以用一顆按鈕即時開關擴增實境的效果，或甚至像汽車的主動防撞系統一樣，當偵測到危險時，可以主動提醒配戴眼鏡的使用者。

在體驗為主流的設計中，隨著軟硬體科技越來越成熟，目前看到的問題將逐漸被解決，我們相信一款好的 AR 或 MR 眼鏡在不久將來一定會問世，成為日常生活中的一部分。

6.2.3 硬體——智慧型手機

儘管 Facebook 和許多專家都預言，AR 眼鏡可能會取代智慧型手機，但我們認為智慧型手機截至目前還是最重要的載具，也是時下能夠引領 AR 應用大眾化的工具，也具備了不可取代性。

這是由於現今的消費者生活，已經細分出許多不同的場景，過去消費者需要購物時，必須出門去實體店家，而現在我們透過網路下單，當天就能收到商品包裹。上班族可能在通勤時，滑著智慧型手機看新聞、聊天、玩遊戲、學習新知，下班

後，舒服躺在床上使用輕便與大螢幕的平板來追劇、看影片。

　　而儘管平板問世，筆記型電腦仍保有它存在的價值，在第三空間與客戶開會時，我們仍需要一個能夠快速處理公事的移動電腦與作業系統，確保事情能夠有效率地被解決，即便回到家後，打開筆電也能快速銜接處理，還能節省桌上型電腦主機的空間。桌上型電腦，在定點辦公以及需要強大運算能力時，也同樣擁有它不可或缺的用途。

　　AR 眼鏡是一個穿戴裝置，當它應用在我們的生活場景時，的確可以讓你不用低頭、解放雙手、快速又真實的和世界傳遞、接收訊息。但是，人類需要休息，疲累時也會想脫下眼鏡，放鬆因戴著眼鏡而造成臉部與眼睛的壓力。

　　對於 AR 來說，智慧型手機仍有存在的意義，它同時具備了鏡頭、螢幕和強大的 CPU，這些都是 AR 必備的元素，它還便於攜帶，因此目前 AR 應用在智慧型手機上的發展非常多元，現在 Android、iOS 手機出廠就內建 AR 引擎，等於是出廠即支援 AR。目前幾乎每個人都有 1-2 隻隨身攜帶的智慧型手機或平板裝置，也因此透過使用者自備的載具來使用 AR，的確也節省了許多企業或品牌需要額外準備硬體的大量成本。

　　但是要精準的在現實空間中定位生成 AR 的虛擬物件，還需要更好的方式，ToF 鏡頭（Time-of-Flight）是其中一個

重要的解決方案。ToF 中文稱「飛時測距」，它是透過發射 LED、雷射光打中物體反射的方式，來計算反射時間，藉此計算物體與 ToF 鏡頭之間的距離，並且可以用來建構場景 3D 畫面，雖然目前仍較少手機配有 ToF 鏡頭，但搭載 ToF 鏡頭可以更準確的即時追蹤手機與實際空間的相對距離，顯示更精準的虛擬物件對位，創造更好的體驗。ToF 技術同樣也可以使用在 AR 眼鏡上。

6.2.4 軟體

定位穩定度與定位方式

AR 在辨識環境與特徵做定位的時候，仍期望有更穩定的表現，例如目前 SLAM 定位疊合於真實空間的 AR 內容，在使用者移動一段距離後，其真實環境的位置通常會飄移一段距離。當體驗場域空間變得更大時，如何更穩定的呈現，是相當重要的課題，如果 AR 內容不穩定，會使大腦認定 AR 內容為虛擬的內容，虛實融合的感受就會打折扣。

另一方面如果電腦能夠辨別更多的真實物體的屬性，更清楚的得知 AR 攝影機對於所有空間中所有物體的距離、角度，識別出這些物體是什麼，將這些真實物體標籤歸類，將可以設計更豐富的 AR 應用與更多的應用結合。

模擬真實光源

　　為了讓虛實融合感覺更強烈，讓電腦渲染出來的 AR 內容能夠符合真實光源，也會更融入現實。過去的 AR 內容普遍沒有光源效果、或是電腦運算出來的虛擬光源，和真實光照射於物體的角度、白平衡、色溫等都不相關。Google 推出的 AR-Core 就嘗試解決這個問題。

　　環境光形成的原理中，包括了鏡面反射、漫色、陰影，Google 利用自製的道具配件，四處行走採樣世界各地的光線和物體照射的結果畫面，並利用機器學習，讓 ARCore 的環境光 HDR 模擬更準確。儘管有些光照陰影角度仍有誤差，但以軟體模擬光源到真實物體這一塊領域已有進展。讓虛擬物體產生的光影能夠像真實光照角度所呈現的光澤與陰影，形成 AR 內容如真實物體的錯覺，將會讓虛實互動的真實感倍增。

共享 AR 體驗──雲錨點

　　目前使用的 AR 體驗大多只存在自己的手機或眼鏡中，如果要讓大家都看到一樣的 AR 內容有什麼方法呢？為了實現跨平臺的共享 AR 體驗，雲錨點（Cloud Anchor）的技術就誕生了。雲錨點的原理是利用移動視差建構的三維模型，透過比對三維模型和查詢圖片的特徵，過濾異常從而找到正確的匹配，

再根據匹配解析手機的角度，讓附近的人與同樣的 AR 內容進行互動。

Pokémon GO 在 2019 年 12 月推出的團體照功能，就是雲錨點的應用。訓練師能看到彼此召喚出寶可夢的過程，並且和最多 2 位朋友與你的夥伴寶可夢互動，拍攝 AR 照片。雲錨點技術持續推進，將有機會讓寶可夢訓練師在現實生活中召喚彼此的寶可夢對戰，同樣的，在知名日本漫畫遊戲王中，將卡牌召喚怪獸到真實場景決鬥的場景，也可以透過雲錨點實現。

目前雲錨點的資料定位點同步穩定性仍待加強，且點位資料的保存時間還不夠長，有些限制也和擴增圖像相似，例如必須要避免出現重複的圖案，以及避免反光面等，即便如此，雲錨點能提供共享的 AR 虛實整合體驗，讓我們對 AR 的真實感

掃描 QR Code
觀看案例影片

» Pokémon GO 利用雲錨點實現共享彼此的 AR
內容到同畫面。

又更提高，比起只有自己才能看到的內容，共享的畫面更符合真實世界所有物體大家都能看見與互動的真實現象，如再加強穩定且提供定位的資料，將會創造更具真實感且創新的 AR 應用場景。

6.2.5 場景

　　當環境和硬體、軟體任一方面有進展時，很容易出現具代表性的新應用場景。AR 的用途大致分為解決企業問題和解決個人問題。企業端除了主要利用廣告創造品牌體驗之外，也著重在改善與優化流程、學習訓練上，而個人應用則大多為了讓生活更便利。

　　環境的進步可以克服並創造新的場景體驗，以 5G 網路為例，想像一下在煉油廠、深山或場地嚴峻的地點工作，要如何快速有效的將專業的知識帶給現場的人？中華電信今年就展示了 5G 無人機，在不便的地點甚至是情況危及時，配合 AR 眼鏡將可以快速有效率的引導現場工作者，做遠端指揮或緊急危機處理。或者，在巨大的機場空間中，兌幣所、進出境、行李領取、免稅店、洗手間、登機口要怎麼走，這些都是旅客常有的問題，5G 極有可能提供室內定位的解決方案，並且利用高速的資料傳輸速度，同時提供大量旅客視覺化的 AR 介面，輕

鬆的引導旅客到要到達的目的地。同理，這也可以應用在大型轉運站或車站。

在硬體方面，AR 眼鏡的 FOV 加大、重量變輕、使用者體驗變好之後，AR 眼鏡將從企業端走入消費者端，未來的 AR 眼鏡除了可矯正視力之外，可能還包含了 AR、拍照錄影、視覺搜索、耳機、GPS 導航、通話、應用程式等綜合性的生活功能，甚至 Facebook 研究由腦波操控眼鏡的技術，也可能整合進入 AR 眼鏡，就像智慧型手機誕生一樣，這些都會直接改變我們的生活型態，甚至是引起革命性的學習和工作模式。

軟體技術的進步，則會讓 AR 創造的虛實體驗更真實、更穩定，如同前面提到的遮擋、定位穩定度、光源模擬、資訊內容共享，這些技術達到高水準後，能讓我們和 AR 互動的體驗升級，把虛擬趨近於真實，AR 應用若穩定又真實，則會直接影響應用場景的誕生，包含 AR 定位導航、教育訓練學習，都非常仰賴準確度和穩定性來達成呈現精準和真實模擬的目的。

AR 技術錯綜複雜，是一個科技的綜合體，仰賴各方面的發展與突破，如今人類得以整合這些科技，將虛擬資訊融進真實環境，創造更直覺的生活與工作方式，接下來就是進入提高整體體驗品質和發展更多的應用階段。

6.3
AR 與人類的未來交點

近代以 AR 作為創作主題或創作素材的故事不斷出現，MARVEL 中《鋼鐵人》的 AR 穿戴裝備，《刀劍神域》中的穿戴式裝置 Augma，2018 年的電影《視界戰》、《阿布拉罕宮的回憶》，2019 年的《蜘蛛人離家日》中，更有一隻名為 E.D.I.T.H. 的 AR 眼鏡，代表劇中英雄的信物，戴起來不僅酷帥，更搭載了強大的 AI，並且可控制衛星與無人機。

有一句話說：「我們所生活的世界，都是人們想像出來的。」

人們想像出便利、科幻的生活，科技開始往這些畫面去研究與發展，人們幻想也許實體郵件可以一天之內送到對方手中，幻想著有一天我們攜帶的隨身個人電腦有如一片薄紙。網路出現後，電子郵件、網路通話取代實體郵件、傳統電話，幾秒鐘的時間對方就能接收到你的訊息，打電話也不用再額外付費；觸控平板電腦出現之前，我們很難想像原來真的能直接在電腦螢幕上進行操作，以極小的體積實現人機互動；甚至像是

多方視訊會議，打破了跨國企業的運作模式，企業全球化經營變得更容易，只要連上網路，生活在距離幾千公里外的人們，也能同時進行面對面的線上會議。科技讓資訊傳播不再有距離和時間的限制。

然而，當我們開始接受網路爆炸式的大量資訊轟炸後，必須學會如何過濾自己有用的訊息，或是怎麼更有效率的傳遞與接收資訊，AR 擴增實境將是蛻變的關鍵，AR 給予我們更直覺的介面，以及和真實融合的互動資訊。

使用者介面（UI）沒有停止革新的一天，在現今的科技發展下，電腦可以識別出你所在的位置、你看到的東西是什麼、推薦你沒看過但你會想買的東西、算出目的地的路徑並預估到達時間、提示可能發生的危險等等，這些資訊要傳遞給使用者最直接的解決方案就是 AR 擴增實境，原因無他，就是因為 AR 提供人類大腦在視覺感知上最直覺的呈現。

手機、機器人、交通工具，到未來的 AR 眼鏡，甚至是 AR 隱形眼鏡以及電影中嵌入人體的科技裝置，全部都能用 AR 給予直覺且直接的介面操作。我們所接觸的空間就像是一臺巨大的電腦，包圍著我們的生活，而電腦如何與人類更快速的溝通，人類如何更輕易地讀取電腦所提供的這些資訊內容，人機互動體驗仍持續不斷地進步中。事實上，我們所處的世界已經

開始逐漸數位化，回憶的保存不再是相本也不是儲存硬碟，而是雲端空間；工作也不再印出大量紙本而由電子化取代。

想像我們未來一天的生活，開車出門時，從汽車擋風玻璃上直接看到導航路線出現在真實環境中，而不是低頭看汽車上的導航系統；參觀展覽時，實體藝術品旁直接疊加對應的介紹資訊，而不用租導覽設備；個人的電腦工作不需要螢幕，而是由 AR 眼鏡內直接觀看投射出的畫面；進入錯綜複雜的地鐵站，地上出現明確的虛擬箭頭一步一步指引你到月臺或出口，而不是用複雜的室內地圖標示。

這些都只是 AR 應用的其中一個節點，當這些節點像網絡連結起來後，會成為另一個巨大的虛擬世界，科技趨勢專家 Kevin Kelly 稱它為鏡像世界（Mirror World），類似的概念還有 Magic Leap 曾提出過的 Magicverse。

鏡像世界不見得代表人類將進入一個完全虛擬的世界，而是除了與現實世界的連結之外，還多一個鏡像世界的平行連結，這個數位化的世界，會完全疊合在我們生活的世界中。譬如說，當你走在真實的商圈店家中，鏡像世界也同時顯示了另一個對應的鏡像商品陳列在你眼前，你可以在這個鏡像商店中挑選商品，真實世界的店員可能會從倉庫拿出來貨品，或是物流倉庫直接寄送到你家中，店家擁有更多、更大的店鋪陳列方

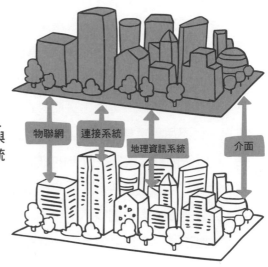

Magicverse
一個連接真實世界與
虛擬世界的綜合系統

物聯網　連接系統　地理資訊系統　介面

» 鏡像世界和 Magic Leap 提出的 Magicverse 概念。

式之外，消費者也有更多的選擇。

　　回到現實層面，建構這樣的鏡像世界需要大量現實世界的資訊蒐集、它可能透過公眾或私人的攝影機，利用某種方式不斷更新現實世界和鏡像世界的空間關係，這將牽涉到隱私問題，如何取消和排除環境中的私人資訊，例如：臉、車牌、門牌等等，將會是一個重要的課題。

　　不過實際上，在現代生活早已經有這樣的問題存在，大家有沒有這樣的經驗？你才剛逛完某個實體店家，下一秒打開手

機，你就看到店家相關商品的限時促銷活動廣告；或者，你在網路上尋找某個商品後，在瀏覽社群媒體、通訊 APP、其他網站時，馬上就看到類似產品的廣告。我們早已不斷的被貼上各種你可能想都沒想過的分類標籤。這個現象其實源於科技始終來自於人性，以前購物行為是人找物，而現在則是物找人，你想要的東西會自動推到你的眼前。

即便如此，在開頭第一章我們就提到 AR 擴增實境的最終目的是為了幫助人類有更好的生活，如何拿捏隱私或是保護個人資料，再利用 AR 技術讓世界更美好，是科技人的使命，身為一位專業工作者所能做的，就是保持開放的心態、擁抱世界的轉動，不斷地去學習這些新科技，理解它、運用它，跟上時代變化的浪潮。

你今天 AR 了沒？ AR 擴增實境創新思維

AR 傳教士白璧珍教你：全球知名企業都在使用的溝通術，
基礎觀念╳應用解析╳設計方法，一本全方位解析 XR 產業應用的實戰書

作　　　者／白璧珍
策　　　畫／楊淑圓
統　　　籌／方覺民
協 力 編 輯／蔡季芳
文 字 整 理／翁佩熔
插 圖 設 計／張琳樺
美 術 編 輯／孤獨船長工作室
責 任 編 輯／許典春
企畫選書人／賈俊國

總　編　輯／賈俊國
副 總 編 輯／蘇士尹
編　　　輯／高懿萩
行 銷 企 畫／張莉滎・廖可筠・蕭羽猜

發 行　 人／何飛鵬
法 律 顧 問／元禾法律事務所王子文律師
出　　　版／布克文化出版事業部
　　　　　　臺北市中山區民生東路二段 141 號 8 樓
　　　　　　電話：(02)2500-7008 傳真：(02)2502-7676
　　　　　　Email：sbooker.service@cite.com.tw
發　　　行／英屬蓋曼群島商家庭傳媒股份有限公司城邦分公司
　　　　　　臺北市中山區民生東路二段 141 號 2 樓
　　　　　　書虫客服服務專線：(02)2500-7718；2500-7719
　　　　　　24 小時傳真專線：(02)2500-1990；2500-1991
　　　　　　劃撥帳號：19863813；戶名：書虫股份有限公司
　　　　　　讀者服務信箱：service@readingclub.com.tw
香港發行所／城邦（香港）出版集團有限公司
　　　　　　香港灣仔駱克道 193 號東超商業中心 1 樓
　　　　　　電話：+852-2508-6231 傳真：+852-2578-9337
　　　　　　Email：hkcite@biznetvigator.com
馬新發行所／城邦（馬新）出版集團 Cité (M) Sdn. Bhd.
　　　　　　41, Jalan Radin Anum, Bandar Baru Sri Petaling,
　　　　　　57000 Kuala Lumpur, Malaysia
　　　　　　電話：+603-9057-8822 傳真：+603-9057-6622
　　　　　　Email：cite@cite.com.my
印　　　刷／卡樂彩色製版印刷有限公司
初　　　版／2020 年 7 月
售　　　價／380 元
Ｉ Ｓ Ｂ Ｎ／978-986-5405-76-2

城邦讀書花園　布克文化
www.cite.com.tw　www.sbooker.com.tw